思想觀念的帶動者
文化現象的觀察者
本土經驗的整理者
生命故事的關懷者

3-5
歲幼兒

為什麼問不停？

Understanding your three-year-old
Understanding your 4-5-year-olds

作者｜露薏絲·艾曼紐（Louise Emanuel）
　　　萊絲莉·莫羅尼（Lesley Maroni）

譯者｜楊維玉

審閱｜林怡青

7　　【推薦序】　成長與陪伴　林玉華

11　　【前言】

14　　**第一篇　叛逆的小小孩** · 3歲幼兒

16　　介紹

23　　**第一章 · 了解你的孩子**

24　　內在氣質＋生活經驗＝對外在世界的看法

25　　遊戲可以帶來什麼好處呢？

26　　為什麼孩童會走進幻想世界裡？

35　　進入語言高階班：能表達感受與對話

41　　**第二章 · 家庭親密網**

42　　家庭中的三角關係

45　　相信嗎？嫉妒會導致睡眠障礙

49　　父母需要偶爾離開孩子，享受兩人世界

51　　我要像爸比媽咪一樣

56　　孩子被不同的管教方式給搞亂了

59　　單親的爸爸或媽媽，孩子還是你的

63　　**第三章 · 家中新成員**

64　　懷孕這件大事

70　　兄弟姊妹間的互動關係：友誼與嫉妒

76　　朋友之間的對話討論

95　第四章・處理憤怒

96　藉由玩遊戲來攻擊和發洩憤怒

98　暴衝的小孩

100　每一個人都會生氣

102　說「不」需要理由嗎？

105　一手拿胡蘿蔔，一手拿棒子：賄賂和威脅

107　你同意打小孩嗎？

111　第五章・找出問題，解決它！

112　如廁訓練・故意亂尿・尿床

115　需要一個安靜放鬆的反省時刻

119　幼兒為什麼會睡不好睡不著呢？

126　食物與情感之間的聯繫

130　性別差異與性別角色

132　當難過的事情來臨時

135　第六章・好棒，上托兒所了

137　說再見，很重要

138　遊戲幫孩子轉移分離的痛苦

140　接受團體生活的挑戰

143　把老師當作媽咪

145　即將進入冒險的四歲

146　第二篇　**感受力強的小大人**・4-5歲幼兒

148　介紹

151　第一章・在家中的生活時光

152　為什麼學校家中兩個樣？

153　父母與孩子之間的微妙關係

158　手足間的對抗賽

162　想像遊戲帶來心靈的撫慰

167　尊重孩子做自己

171　我需要爸比媽咪了解我的情緒

177　第二章・上學去

178　正式教育開跑了

183　如何讓孩子早點適應學校生活？

185　願意和我做朋友嗎？

189　在學校和在家中的角色是不一樣的

191　從合作遊戲中可觀察孩子的個性

192　競爭，不好嗎？

197　第三章・社交生活新挑戰

198　懂得分辨真實與想像

201　好奇心作祟

204　我是女生，你是男生

207　恃強欺弱的開始

210　喜歡有人作伴還是獨來獨往？

目錄

215 **第四章・書籍繪本與親子共讀**

216 利用繪本表達常見的恐懼

217 值得唸給孩子聽的繪本

222 爸比媽咪讀故事書給我聽

225 **第五章・孩子的焦慮與擔憂**

226 如何看待「失去」這件事？

231 學習障礙怎麼來的？

237 生病造成的恐懼和憂慮

240 我的孩子跟別的孩子不一樣，是有問題嗎？

245 **第六章・教養孩子要像放風箏一樣**

246 給孩子明確的界限

250 適時放手，讓孩子獨立

252 愛他就去了解他

【推薦序】

成長與陪伴

林玉華（輔仁大學醫學院臨床心理學系教授）

自 1920年成立以來，塔維斯托克（Tavistock）診所〔註1〕的發展深受精神分析的影響，將近一世紀塔維斯托克診所對於心理健康服務之推動，以及訓練心理治療師的貢獻享譽全球，目前已經成為英國最大的心理健康專業人員訓練機構，提供家醫科醫師、精神科醫師、精神科社工、精神科護士、育嬰工作者、教育心理師、臨床心理師以及心理治療師，高品質的訓練課程及學位學程。除此之外，塔維斯托克診所也根據其精湛的臨床和諮詢經驗以及研究結果，推出系列叢書，藉此增進心理相關專業人員對於各年齡層的個案，在心理健康領域各個層面的理解與介入。「了解你的孩子」（Understanding your child）系列叢書由一群在塔維斯托克診所／中心受訓過的臨床工作者或督導們執筆〔註2〕，根據他們的臨床經驗與反思，提出了對於嬰幼兒的心智世界以及親子關係的獨到見解。

　　本書並未嘗試提供父母親關於嬰兒生理成長的知識或育嬰法則，亦未試圖針對幼兒的教育問題給予具體的建議。本書的作者

群們都曾經受過精神分析或是精神分析導向心理治療的訓練，因此他們的反省主要在於陳述嬰幼兒內心世界的發展，特別是一個人從受胎、嬰兒、幼兒到學齡期與主要照顧者之間所發展出的錯綜複雜的關係，例如嬰幼兒與父母親之間的情緒經驗、這些強烈的情緒經驗如何彼此傳遞，以及這些情緒之間的相互作用如何影響嬰幼兒內心世界的發展；隨著嬰兒的長大，小孩變得越來越獨立，也越來越有自己的想法與主見時，父母親所面臨的情緒震盪與抉擇，以及嬰兒作為一個獨立個體，他與父母親彼此之間的交錯動力如何再度展開。

　　許多初為人母者，可能對於正在孕育中，以及即將誕生的嬰兒懷有許多的幻想與情緒。嬰兒出生時的慌亂及其可能伴隨而來的失落感，以及嬰兒誕生之後的強烈情緒及其必須立刻被滿足的要求，可能都會使初為人母者感到驚愕與措手不及。當嬰兒漸漸長大，父母親也必須不斷適應嬰兒的變化、自己複雜的情緒變遷以及隨之而來的層層挑戰。有些父母親會因為小孩的日漸獨立而如釋重負，並重新找回自己的立足點，有些則會發現隨著嬰兒的成長，自己卻處在難忍的失落中；另有一些父母則無視於孩子的變化，而繼續沉溺在彼此掛勾的情感依附之中。

　　二十年前，我為了接受精神分析導向心理治療的訓練，開始進行觀察嬰兒，其中有一段嬰兒剛滿一歲時的情景以及母親的對話，現在回憶起來仍然歷歷在目。我去觀察的那一天，剛好看到嬰兒開始學習扶著床邊走路。母親坐在地上滿意地看著嬰兒搖搖

擺擺地從床沿的這一端往另一端走，走著走著，母親突然開玩笑地對嬰兒說：「你真的要走啦？可是你忘了帶尿布喔。」順著母親的提醒，嬰兒面無表情地扶著床沿往回走，這時我和母親都會心地笑了。母親將放有尿布的背包放在嬰兒雙肩上。嬰兒背著背包又繼續扶著床沿往另一端走。嬰兒走到半路，母親又提醒嬰兒尚未帶奶瓶。嬰兒再次面無表情地扶著床沿往回走，母親將奶瓶放入嬰兒的背包中，嬰兒背著裝有民生用品的背包，再次展開他的旅程。這時母親臉上滿意與驕傲的表情，突然收斂了起來，帶著感嘆的語氣跟我說：「你看，他這樣走著走著，有一天，他就會這樣走出去，再也不需要我了！」這一幕描繪了母親看著一歲的嬰兒漸漸能掌握自己的四肢時的感受，雖然一歲的嬰兒離變成一個獨立自主的人還有一段不短的距離，但是看著嬰兒漸漸能運用自己的四肢做自己想做的事，已經讓一位母親在心中揣摩著孩子獨立之後的樣子，以及自己在孩子獨立之後的位置。

費來堡（Fraiberg）的古典文獻「育嬰室裡的陰魂」（Fraiberg, Adelson & Shapiro, 1975），闡述父母親未處理好的過去，如何在嬰兒誕生時會再次像陰魂一樣籠罩在育嬰室，影響著父母親對於嬰兒的想像與看法以及母─嬰的互動關係〔註3〕。嬰兒的情緒勾引出父母的情緒，而父母親自己的早期經驗又反過來影響著他們對於嬰兒情緒的解讀與反應，如此嬰兒與父母之間錯綜複雜的情緒環環相扣，要找出這之間的繫鈴者，已非易事，這鈴要怎麼解，更是一門大學問。

　　「了解你的孩子」系列叢書不一定可以提供您所要的答案，但是一定可以幫助您了解您自己和您的小孩。

〔註解〕

註1：第一次世界大戰之後，Hugh Crichton-Miller，一位神經學醫師，建基在來自維也納的心理學，針對震彈症(shell-shock)和神經症的退伍軍人研發出一套心理治療法。之後在Crichton-Miller醫師的鼓吹之下，於1920年催生了塔維斯托克醫學心理學院（亦即目前的塔維斯托克診所／和訓練中心），從此展開對於一般民眾的心理治療服務以及針對心理治療相關專業人員的訓練。除了精神分析導向心理治療之外，近五十年來也陸續推展出短期動力導向心理治療、系統家庭治療，以及團體治療等多樣化的心理治療模式。至今該中心每年提供超過六十種不同的訓練課程，每年訓練出約一千七百名專業人員。塔維斯托克診所直至今日仍是精神分析導向心理治療師的訓練重鎮，領軍的位置依然屹立不搖。

註2：「了解你的孩子」系列叢書的作者群當中，有一半以上曾經是我在塔維斯托克受訓時的老師，能夠再度賞閱他們年輕時的著作，甚是喜悅。其中蘇菲・波斯威爾（Sophie Boswell），是我在受訓時的同事，每當聆聽她的個案報告，總是為她優美的文筆感到讚嘆不已，看到她也在作者群中，為她感到無比驕傲。

註3：Fraiberg, S., Adelson, E., & Shapiro, V. (1975). Ghosts in the nursery: A psychoanalytic approach to the problems of impaired infant-mother relationships. *Journal of American Academy of Child & Adolescent Psychiatry, 14*(3), 387-422.

【前言】

塔維斯托克診所在訓練、臨床心理健康工作、研究和學術上有相當卓越的成就，享譽國際。塔維斯托克成立於1920年，從歷史可看出它在這個領域所做的突破。起初塔維斯托克的目標是希望其臨床工作能夠提供以研究為基礎的治療，以之進行心理健康問題的社會防治與處理，並且將新的技巧教給其他的專業人員。後來塔維斯托克轉向創傷治療，以團體的方式了解意識和潛意識的歷程，而且在發展心理學這個領域，有重要的貢獻。甚至在圍產期（perinatal，註）的喪親哀慟經驗所下的功夫，讓醫療專業對死產經驗有更進一步的了解，也發展出新的支持型態去幫助喪親哀傷的父母和家庭。1950和1960年代所發展出來的心理治療系統模式強調親子之間和家庭內的互動，現在已經成為塔維斯托克在家族治療的訓練和研究時的主要理論和治療技巧。

「了解你的孩子」系列在塔維斯托克診所的歷史佔有一席之地。它曾以完全不同的面貌發行過三次，分別是在1960年代、1990年代和2004年。每次出版時，作者都會從他們的臨床背景和專業訓練所觀察和經歷過的特別故事來描繪「正常的發展」。當然，社會一直在改變，因此，本系列也一直在修訂，期望能夠使不斷成長的小孩每天在和父母、照顧者以及廣闊的外在世界之間的互動內容呈現出應有的意義。在變動的大環境之下，有些東西還是不變的，那就是以持續不間斷的熱情，專注觀察小孩在每個

成長階段的強烈感受和情緒。

　　本書延續此一系列叢書之前一本的主題，繼續討論孩童複雜的發展過程。本書內容將孩童從零歲開始的發展過程描述地更加完整，雖然讀者不見得需要先閱讀過前一本書的內容，也可以了解本書中所描述的內容。新的發展越來越清楚地相較於前幾年，以一種微妙的方式連結著。有些時刻，三歲的孩子也會有放棄的時候，而退縮到年紀較小的狀態當中，或是相反地成為一個「小大人」（第一篇作者露薏絲‧艾曼紐〔Louise Emanuel〕提供了栩栩如生的描繪）。然而這些並不是事情的全貌，現實是殘忍的，改變會發生。作者以詳細且迷人的方式描述著三歲孩子逐漸擴展的社交生活——假想遊戲，一個更有深度的情感生活，以及簡單來說，更為清楚的自我意識正在慢慢地萌芽。

　　第二篇著重在四到五歲的這段時間，描述當孩子開始探索家庭以外的關係和友誼時所發生的變化。這個階段的小孩，也對自己所處的世界，這個會帶來快樂和讓人筋疲力竭的源頭，感到無比的好奇。在本篇中，萊絲莉‧莫羅尼（Lesley Maroni）生動地描述在這個重要發展階段中的孩子，並提供家長和專業人士，關於在這個時期的孩童一些容易理解的洞察和深入的見解。

強納森‧布萊德里（Jonathan Bradley）
兒童心理治療師／「了解你的孩子」系列總編輯

註：**圍產期**，指的是圍繞在新生兒出生前後的那段時間，包括產前、生產和產後，通常指懷孕第七個月到新生兒出生後第一週的這段時間。

Voyu，莊瓊花攝影

——第一篇——

叛逆的小小孩

3歲幼兒

文／露薏絲‧艾曼紐（Louise Emanuel）

【介紹】

米爾恩（Milne）的著作，《小熊維尼系列》中的主人翁，克利斯多福・羅賓（Christopher Robin）在六歲的時候回憶起三歲時的自己，覺得那時候的他根本不像是自己。但任何曾經跟三歲孩子相處的人都可以看出這個年紀的孩童在心智、身體和個性上有著快速的發展。他們似乎在成長的每一天都更能夠表達自己、更具有能力、想像力和好奇心。此時，在出生後的第四年，是孩子真正建立自我認同的時候──這就是我！

這一年是「差不多三歲」和「即將四歲」的重要分水嶺，在這一年中所發生的許多改變和轉化，會讓孩子擁有豐富的經驗、經歷不同的發展。在孩子三歲的時候，許多家長已重回工作崗位，因此會將孩子交付他人照顧，而孩子通常也是在這一年開始上托兒所或幼稚園。這是一件大事，當孩子將離開嬰兒期和學步期時，大人對於三歲兒的期待也會增加。

但是孩子真的已經長大、成熟了嗎？當孩子在熟悉的環境當中，以及需求得到關注時，有時候會顯得相當有能力和受控制（知道如何打開電動玩具而不需人幫忙，或者已經會使用某些電腦功能），有時候甚至變得愛指揮他人、專制蠻橫不講理地指使父母或兄弟姊妹。班在三歲的時候拒絕爸爸媽媽叫他「班尼」，因為他說：「我已經長大了，我現在是老大！」

然而，常常我們會驚訝地發現三歲兒有著更年幼和像嬰兒般

的一面。他們可能這會兒忙碌地假裝自己像爸爸一樣「在辦公室裡整理文件」，等下又要求大便時要穿尿布。他們可能在幼稚園裡「像天使一樣乖」，但在家裡卻是脾氣暴躁又厭煩的，最後是卸下防備並顯現出他所承受的壓力，可能吸著大拇指蜷曲在你的大腿上，或是要求要用奶瓶喝牛奶。

　　有位家長告訴我，她覺得她的三歲女兒和十四歲女兒在某種程度上十分相像：違抗／叛逆的、好奇／探索一切、冒險犯難、挑戰所有可能性的極限、一會兒很依賴一會兒又展現出驚人的獨立性。在這兩個發展階段，其實有相當多的共通點，尤其是情緒上的起伏、突然浮現的感受所引起的怒氣、倏然落淚，或具有控制慾的專橫態度。對於正在脫離蹣跚學步期的三歲兒，做父母的既不能對他們抱有太大的期望，又得確保給予足夠的機會讓孩子擴展能力，在這兩者之間，要找到微妙的平衡點，往往是相當不容易的。

技巧與自我意志的發展

　　孩子在三歲的時候通常更能與同儕一起玩，無論是在家裡或托兒所，喜歡幻想式或角色扮演的遊戲類型，進而擴展他們的社交範圍。在分享玩具、選擇玩伴或輪流等待時，孩子的情緒有時候會太過高亢，因此仍需要家長在旁輔助。

　　三歲的孩子樂於展現體能，而且喜歡戶外活動。他們可以有自信地奔跑，開始可以跨越、跳躍和騎三輪車，甚至學游泳或上

幼兒體操課程。他們也喜歡畫圖、簡單的手工藝、迷宮和配對，但仍然著迷於某些「嬰兒」玩具。無論是自己一個人或和別人一起玩，孩子遊戲時的創造性和想像能力與日俱增，如同他們對於語言的熱愛一般，也逐漸增長。到了三歲的時候，孩子開始喜歡與人對話，並學會問「為什麼？」而且會問個不停。孩子的口語能力在創造新的詞句和使用新學到的話語的同時，持續發展著，即使有時是斷章取義的文字。珍妮三歲，哥哥最近正在準備理化考試，有一天珍妮在上游泳課的時候，因為覺得太冷而發牢騷說：「爸，我真的一定要在這H_2O（註：是水的化學結構式）內游泳嗎？」週末時，蘿絲聽到大人互相取笑，隔週去托兒所時她告訴學校老師：「我媽媽是酒鬼！」事實上蘿絲的媽媽最多只能喝上一杯紅酒。

孩子個別的興趣、喜好和怪癖會在這個時候更為明顯，但這些不一定符合社會期望。朵特生日的時候收到一件有褶邊的七彩裙子，之後的一個星期，她堅持每天都要穿這件裙子去上學，還將它套在洋裝外面。她媽媽認為這僅是一場意志力的交戰，不值得引起相關的爭執。在中午野餐之前，蓋文和家人要去散步，就在出發之際，他發現一罐最喜歡吃的酸黃瓜。父母說午餐時他可以吃一條酸黃瓜，蓋文沒有表示任何意見，當大家準備出發時，他卻偷偷溜到野餐籃旁邊，突然一聲巨響，大家看到酸黃瓜罐摔破在地上，問他為什麼要摔破罐子時，蓋文表示這樣他就可以馬上吃到酸黃瓜，不用等了。

　　小孩喜歡學習新的技巧，而這需要耐心與時間。但也不是隨時都可以讓孩子練習他新學會的技巧，當快要遲到的時候，就沒有時間讓孩子練習自己扣上毛衣上的釦子，或是自己綁鞋帶。不過不趕時間的時候，孩子總是會有足夠的機會練習這些簡單的技能。孩子會希望自己完成事情，同時，他們也會需要家長的關注和細心的引導，且有耐心地鼓勵他們努力完成。

　　孩子若感受到旁人能夠理解和尊重他們「如嬰兒依賴般」的需求，便可以達到最好的發展。而他們也需要感受到父母相信自己的能力，無論是在成長、發展或學習新的技能。如果父母繼續像對待嬰兒般地對待他們，孩子會覺得父母認為他們是無法自己完成事情的。相反地，若太早強迫孩子獨立完成事情，日後他們會覺得依賴他人的幫助或聽從指示是很困難的。

　　在正常範圍內，語言和身體發展的速度和進度仍有很大的差異，且每一個孩子是在不同的時間學會不同的技能。家長們無可避免地會比較孩子的發展狀況，並導致一種競爭。家長會擔心自己的孩子在發展上不如其他的孩子，但其實每個孩子都有自己的成長速度，除非在所有的發展上都嚴重遲緩，若是如此，便需要尋求專家建議。

家庭的一份子

　　家庭是孩子世界的基石，且扮演著「安全堡壘」的角色（此概念是由兒童精神科醫生約翰‧鮑比〔John Bowlby〕所主張，

從「依附感」這個想法中延展出來的，鮑比醫生認為「依附感」在人類關係中是相當重要的），孩子是由這個「安全堡壘」去探索世界。他們會觀察，用心傾聽，模仿動作、姿勢和行為舉止。孩子相信父母對他們的愛，以及父母願意嘗試和了解他們利用行為、遊戲和口語所想要表達的意思。家人的關愛、保護和對孩子在生理需求與心理需求的關注，是他們在發展對他人同理心、與他人建立有意義的關係和從自我經驗當中等等學習上的一個重要基礎。

這個時期，一些會影響整個家庭的重大生活變化，通常是工作量增加、考慮換工作或是否接受職位升遷，討論添加新生兒或搬新家的可能。這時可能會有住在附近的家人，如祖父母或其他親戚朋友，伸出援手。不過，由於現代的交通便利，也不一定會有親戚朋友住在附近，此時，孩子便需要面對遠距離的關係，例如：住在國外的祖父母，需要父母親用照片或其他方式來提醒、幫助他們。有時候我們以為孩子是可以理解有親戚住在遠方的，可是當問到三歲的傑森：「你的祖母住在哪裡？（牙買加）」他卻回答：「她住在電話裡。」與三歲孩子住在一起的生活充滿了對比衝突和花招，這些讓父母的生活既筋疲力竭，又相當有收穫。每個父母都應該規畫休息充電的時間，逛個街，或是去看場電影。

處理分離與轉變的過渡時期

在孩子向外擴展生活圈和社交環境的同時，要如何處理與人分離的過程，對孩子和父母親而言都是一件重要的大事。上托兒所之前的準備和應付初期的適應階段，對家長和孩子都是意義重大的經驗，這個經驗也會對日後的分離提供一個參考模式。很多家長相信越早開始讓孩子習慣和其他人相處是件「好事」，也會讓他們較容易適應學校生活，因此會盡早將孩子送到托兒所。

其實這不完全正確。若孩子在嬰兒時期與父母親的單獨相處上有著滿足的經驗，通常比較能夠適應團體生活，因為在他們內心裡的雙親是有著可信賴的形象，而自己擁有與這對慈愛父母獨一無二的關係。這會讓孩子在之後的階段，比較容易與兄弟姊妹分享父母親；或是在托兒所裡，當所有的孩子都渴望獨佔關懷時，他仍然可以與一群相互競爭的同伴，一同分享像媽媽一樣的老師。

孩子的行為模式通常始於家庭，並從他們和主要照顧者所發展出的關係中開始。絕大多數對於外界世界的態度和期待是來自與家庭生活的經驗，而這些是孩子與家中最親近的成人相處累積而成的。

您會從本篇得到的是……

在本篇中，我會鉅細靡遺地描述三歲孩子的世界：他們在情緒上的起伏，遊戲、學習和思考能力的發展，以及生理成長和口

語技巧上的增進。我們都知道，每個孩子都是獨一無二的，也有著不盡相同的成長速度，即便如此，三歲的孩子仍有某些相同的共通點。這篇的案例涵蓋了各種社經和種族背景，以及各自特殊的生活經驗。我希望讀者至少會從這些案例中找到與自己實際經驗相似的情景。文中會描述三歲孩子的一般行為模式，通常會產生的擔憂與他們所帶來的歡樂，也會點出在某些困境或產生偏差行為時，家長需要在什麼時候提高警覺及向外求助。不過，請記住，在三歲孩子身上，即使是最嚴重的困境，或是相當使人生氣的行為，在之後的成長過程中都會有改進或稍微減少，而且這些也有可能對於孩子正在發展的個性、活力上有所助益。如果所有人都用同樣的方式思考和處理事情，這個世界就太無趣了！

第一章

了解你的孩子

我們常常會想孩子看到的世界和大人的一樣嗎？

他們對世界的看法又是如何形成的？

親子專家常說：跟孩子說話要蹲下來，

你就能夠了解孩子的處境和貼近他們的心靈。

當你看見孩子自己在喃喃自語或和玩偶說話，請不要驚訝，

這是這階段孩子常常會玩的幻想遊戲，

為什麼孩子會走進幻想與想像的世界裡呢？

遊戲就是遊戲，沒有任何的意義嗎？

這個時期，孩子已經能夠表達自己的感受和開始與人對話，

且最喜歡問問題了。

透過孩子玩的遊戲、語言表達及行為動作，

我們可以去觀察去感受去了解我們的孩子。

內在氣質＋生活經驗＝
對外在世界的看法

家長們可能都知道，每個孩子都是獨一無二的，有自己的個性，喜歡和不喜歡，恐懼和熱愛的事物。是什麼造就這樣獨特的個性發展呢？三歲孩子的思考方式、感受及行為模式，有部分是當自己還是嬰兒時和父母親的關係有所關聯。

當遇到新的經驗時，像是到托兒所上學或換老師，孩子會依照以往遇到挫折、轉換和發展時——例如斷奶和學習爬行——所得到的協助來適應。而父母親小時候所經歷的養育經驗，在某種程度上，也會有所影響。有時候父母親自己有著相當不一樣的童年經驗，甚至是在不同的國家和文化中長大。幫助孩子對自己逐漸增長的能力建立自信，並提供明確的界線範圍，這項工作不僅是個挑戰，也會是個有回報的任務。

但是孩子們與生俱來的內在氣質與早期的生活經驗合在一起，導致他們在內心對於外在世界形成了獨特的景象。早期關係的經驗會影響孩子對於這個世界的看法，是個友善、充滿希望和善解人意的地方，還是令人沮喪和充滿敵意。他們可以期待這個世界會怎麼樣歡迎他們？而這些關係的發

貼心小叮嚀

早期關係的經驗會影響孩子對這個世界的看法，是友善希望還是敵意沮喪。

展，部分取決於孩子自己，他是個容易滿足的孩子，還是要求很多的孩子？是對外界刺激反應很慢，還是會馬上微笑應人的？

　　三歲的時候，孩子和其他人的許多關係模式和期望已經建立，但仍然會繼續發展新的關係，他對於世界的看法也會不停地改變。伴隨著每個行為和想法，孩子心裡會有畫面或景象，而這些通常都會表現在行為、遊戲和日常對話當中。仔細觀察和注意聆聽孩子的遊戲及動作的細節，可以幫助我們去嘗試和了解他們的想法，在日常生活中對什麼有興趣、關心什麼。

遊戲可以帶來什麼好處呢？

　　我們很容易就低估了遊戲對孩子的價值與重要性，事實上，孩子的工作就是遊戲，這是他們發展想像力、創造力和發洩情緒的方式。當孩子在玩火車組，布置農場或表演故事情節時，我們可以在他們的臉上看到全神貫注的專注神情。對於孩子而言，遊戲有很多不同的形式，以及許多不同的功能。有時是關於釐清現實與想像之間的差異，有時是嘗試不同的角色和身分認同，有時是尋找方法來適應強烈的感受，如：喜愛、嫉妒或生氣。孩子通常會在遊戲當中，將希望和恐懼藉由玩偶、

貼心
小叮嚀

　　常常陪孩子玩，從玩遊戲中去了解感受孩子的內心世界。

玩具動物或其他玩具表現出來，就好像這些是玩具們的情緒感受。遊戲是孩子面對且處理生活經驗的方式，這個年紀的小孩玩遊戲的許多主題中包括：分離時的焦慮、迷路或被遺忘、學習新技能時的欣喜、被孤立的恐懼、手足競爭等。他們可能會在布置農場時，將一隻小羊放在一邊咩咩地叫，表示這隻小羊「丟掉了媽媽」，然後又很高興地將小羊和其他羊群相聚在一起。或是將小豬仔們圍繞著母豬，互相推擠著要吃母奶。躲貓貓的遊戲總是百玩不厭，因為這個遊戲可以讓孩子表達出他們對於分離和「失去」某個人的焦慮，然後再度找到這個人。年紀小的孩子在躲藏時的等待忍受力有限，所以不要讓他們躲太久才被找到。

　　絕大多數的時間，孩子是沒有能力掌控自己的生活（在他們身邊來來去去的事物，多一個手足等等），遊戲便是他們能夠主導的時候，他們會扮演成很會泡茶；照顧生病的小娃娃或幫她準備晚餐；假裝將「泰迪熊」小孩留在家裡，自己則去店裡買東西或去上班。

為什麼孩童會走進幻想世界裡？

　　在孩子成長的第四年裡，他們的想像力會越來越豐富，可以花上很長的時間自己一個人或跟玩伴沉浸在虛構的遊戲情節當

中。他們可能會假裝自己是電視節目裡的超級英雄，例如蝙蝠俠或許瑞德（忍者龜裡的壞蛋角色），突然消失在天線寶寶樂園裡，並用歌唱的語調說話，或者假裝自己是公主、戴著寶劍的騎士、皇后或小仙子。

　　擁有魔力、力量和保護別人的能力是多麼愉快的一件事情。只要有一根魔杖，就能變出食物，也就不用依賴媽媽提供了；受傷了可以馬上復原，還可以殺死壞蛋。想像一下，無時無刻覺得所有事情是自己無法完成，所有的技能無法自己掌握，所有好的事物都需要倚賴他人提供，這樣的感覺對一個小孩而言必然是很難受的。孩子需要躲到一個虛構的世界裡，在這個世界中，他可以擔任所有的角色，處理並戰勝所有的危險。有時候孩子很難知道什麼時候該停止幻想，回到外界的現實生活中，有時候他們太沉溺於想像的遊戲之中，而把日常生活中的各種事物都和遊戲混合交織在一起。只要不過度干涉或控制，孩子都很喜歡父母加入遊戲中，他們需要成人在旁保持適當的參與度，當遊戲太過嚇人的時候，能夠適時地阻止，並將他們帶回現實世界中。

　　查理和提姆在院子裡玩，在成堆的落葉中跑來跑去。查理六歲大的哥哥彼得，騎著腳踏車咻咻地飛奔而來，跳躍過落葉堆，並和他們打起一場「落葉仗」，最後將兩位小朋友埋在落葉堆裡。因為被落葉蓋住，查理顯得有點驚恐。當他哥哥騎著腳踏車離開，他爬了出來時，就和提姆假裝他們在一艘船上，並在媽媽的幫助下，立起一隻掃把當作桅桿。他們對於誰該當船長有點

當孩子對現實世界無能為力的時候，幻想世界是他們很好的庇護所和情緒發洩處。

爭執，媽媽出面幫忙解決。之後，他們假裝自己需要划過一片有漩渦的「海洋」，且不能離開船，因為四周充滿了「險惡的鯊魚群」。當媽媽喊他們進屋裡吃點心時，查理看起來很擔憂，請媽媽來「解救」他們，因為「鯊魚正在追殺他們」。鯊魚的威脅對查理而言相當真實，如果沒有緊握住媽媽的手，他沒有辦法說服自己踏出船外。

小孩所感受到的強烈情緒，如：生氣、害怕和厭恨，可能會淹蓋他們，且很快地流露出來。哥哥的欺負可能讓查理覺得害怕和生氣，或許讓他想要攻擊或咬哥哥。這些感受對他而言，太過強烈以致無法處理，瞬間，覺得自己周遭充滿了危險，尤其是想像出來的鯊魚，似乎代表了查理氣憤攻擊的情緒——難怪鯊魚讓他覺得害怕和焦慮。

吃完點心後，查理說：「我想要像彼得那樣騎腳踏車。」媽媽建議他，自己試試看。查理的三輪車對他而言有點太大，要將車子推到小徑上有點困難。當他把車子推到草地上時，因為腳一直從踏板上滑掉，讓他無法順利地騎車。最後，他沒好氣地請媽媽幫忙推車，媽媽答應了他。媽媽抓住三輪車的龍頭將他拖過落葉堆，查理很兇地大叫：「妳從後面推！」當媽媽從後面推著車時，查理則笑容滿面地騎著，完全像是自己在騎三輪車，就跟哥哥一樣。

　　或許在這個時刻，提供幫助的媽媽不在他的視線之內，他便可以相信真的是自己騎著三輪車，他是哥哥，強而有力且不會受傷或被欺負。

要將孩子從幻想中拉出嗎？

　　如同我們在查理的例子中看到的，父母有時候需要能夠忍受自己只是個配角，附屬於孩子的，讓他們覺得自己是有能力的，以及幫助他們誇耀自己的能力。當然，很重要的，不能總是用這樣的方式協助孩子完成事情，這樣會讓他們誤認自己擁有比實際上更多的技能，也會讓他們對某些尋常事物失去耐心，因為學習新技能有時是需要經歷辛苦緩慢的過程。當孩子無法忍耐挫折感，或認為「不知道」是一種缺點且厭惡它時，可能在學習新技能或在學校聽從老師的指令上，會遇到相當多的困難。為了要學習其他人的經驗，我們必須要忍受像小孩一樣，擁有那種「不知道」的感覺。

> 貼心
> 小叮嚀
>
> 父母應該學習知道什麼時候該陪著孩子演戲，什麼時候要將他們拉回現實來。

當幻想破滅時

　　三歲小孩陶醉於自己快速發展的能力，有時候甚至感覺自己是無所不能的。安東尼在蓋伊・福克斯之夜（譯註：11月5日，英國慶祝1605年火藥陰謀事件主謀蓋伊・福克斯〔Guy Fawkes〕

被捕的紀念日，在這一天晚上會施放煙火）去觀看煙火施放。他的雙手隨著放煙火時的音樂上下舞動，就像一個指揮家，且在每一次煙花散開時口中呢喃著：「是我做的！」很明顯地，他陷入一種幻想，想像自己是這些燦爛煙火的偉大創造者，而數百位尋求歡樂的人們正全神貫注地欣賞著他的作品。

雖然對於自己的能力感到興奮，孩子仍需要大人們小心地注意著，當事物變得難以承受而崩潰落淚時，適時提供幫助，讓他們可以再度探索世界。

假想的朋友

有時候，孩子會創造出一個假想的朋友，來幫助他們處理遭到冷落或孤單的感受。例如：賓客（Binker），《小熊維尼》裡的主角克利斯多福‧羅賓長期受苦的同伴。

皮帕發現當媽媽在給嬰兒餵奶的時候，自己沒辦法一個人玩玩具，她會消失一會兒，再出現的時候，會說她剛剛跟蘇珊愉快地一起野餐。媽媽覺得蘇珊是一個假想的朋友，便問皮帕：「蘇珊現在在哪裡呢？」她會草率地表示蘇珊現在去度假了，並在媽媽不停追問她去了哪裡時變得有點慌張。

對於孩子在轉移某些感覺的時候，假想的人物或填充玩具對他們是很有幫助的，特別是那些他們想要逃避的感受，例如：如果孩子試

> **貼心小叮嚀**
> 假想的朋友是孩童內心需求的投射。

著想要當大姊姊的話，那可能是她的「朋友」會怕黑、怕狗或討厭垃圾車的聲音。

辨別幻想與真實之間的差異

這個年紀的孩子在辨識真實和恆久性的能力上有很大的差異，有時候他們相信所有的事情都是有可能的。例如喬許告訴媽媽：「當我是女生的時候，我要留長頭髮！」有時剛滿三歲的小孩會相當堅決地想要將世界塑造成他們想要的樣子，即使不符合現實。這通常會明顯地發生在當孩子面臨可能讓他擔心的狀況，或日常生活產生變化的時候。

泰莎有一點發燒，祖母在她的醫生媽媽去上班的時候負責照顧她。泰莎跟祖母說：「婆婆，我媽咪是個醫生，她讓生病的小朋友快一點好。」祖母表示同意，並告訴她因為媽咪要上班，所以祖母會照顧她，泰莎回答：「那妳也是個醫生！」祖母說不是，但泰莎堅持地說：「妳就是有點像是醫生。」祖母不再堅持，就讓泰莎這樣認為吧。

因為想念媽媽，泰莎必須找出一個方法來適應現實，因為這個現實狀況不是她所希望的。她的方式便是將其轉變成——祖母就是那個在她生病時所需要的那個醫生媽咪。

利用角色扮演處理緊張時刻

在新學期開始的第一天，只需一眼就知道托兒所裡有多少孩

子是穿著有薄紗翅膀的仙子服裝，揮舞著魔杖，或是帶著警察的鋼盔、父親的舊公事包和玩具手機。手機可以幫助他們覺得自己和不在場的父母在情感上有所聯繫。這些配件和家長們允許孩子想像自己擁有特殊的能力，可以幫助孩子度過可能因為緊張而號啕大哭的時刻。

在開學的第一個月，蘇西每天都穿著芭比娃娃的服裝來到托兒所。當老師叫她的名字時，她總是說：「我是芭比。」只要有人叫她「蘇西」，她就會生氣難過。此時她似乎真的覺得自己就是芭比。托兒所的老師們不確定要怎樣處理，是該妥協改用「芭比」來稱呼她？還是要強迫她接受現實的世界？最後，在與蘇西的父母討論後，大家同意讓蘇西繼續這樣的遊戲直到早上的團體分享時間結束，之後，她就必須脫下芭比服裝，並且「成為」蘇西。這樣的方式幫助蘇西適應托兒所的環境，很快地就不再需要她的「芭比人格」了。

> **貼心小叮嚀**
>
> 大人應該容許孩童用自己的方式處理緊張，但需把握適可而止及循序漸進的原則。

對魔法產生了質疑

在這個年紀，孩子們正在發展邏輯推理判斷能力，會開始對一直深信不疑的虛構故事產生質疑。他們會懷疑「牙齒仙子」是如何收集到那些掉了的乳牙？「聖誕老公公」又是如何帶來禮物

的？同時，孩子們也會將虛構的故事情節和自己的擔憂相互穿插在一起。

　　三歲大的蘿絲開始詢問有關聖誕老公公是如何爬下煙囪的細節。她一直不停地問，讓她的父母感覺蘿絲似乎很興奮但又對半夜有個陌生人會進到家裡有點焦慮。因此，蘿絲的父母便告訴她，其實聖誕老公公是「虛構」的，並不會真的從煙囪爬下來。但蘿絲的反應卻是：「那聖誕老公公帶來的禮物怎麼辦？」由此我們可以看出，對蘿絲來說，現實狀況和虛構的故事情節之間有所牴觸衝突，而她還無法馬上放棄心裡對聖誕老公公會從煙囪爬下來、並帶來滿滿一襪子禮物的信念。

幻想和善惡觀念之間有何關係？

　　孩童擁有相當豐富的幻想，可以對熟悉的人物想像出極端的版本，而且可能會比「現實中」所呈現出來的形象更完美或更嚇人。這些人物（完美的「神仙教母」或像巫婆一樣可怕的）是孩子在嬰兒時期所感受到是無憂無慮的滿足感或是極度的不舒適感時所創造出來的，它們當然不像日常生活中「實際的」父母。家長可能在無意中聽到，孩子在玩辦家家酒遊戲中，因為小孩不乖而受到嚴厲恐嚇，甚至被打的時候，他們是如何殘酷地描述父母的角色。但父母親自己「真的」是如同孩子在遊戲中所描述的那樣嗎？

　　這些所想像出來的可怕人物，部分是由孩童自己懷有敵意的

感受所創造出來的，部分則是因為孩童感受到那些侵略性的想法或行為是有必要被懲罰的。這就是「罪惡感」如何產生的方式。當孩子拒絕承認自己所犯的錯誤，或是將過錯推到別人身上時，我們並不能假設孩子沒有善惡觀念，或許可能是因為他們的善惡觀念太嚴格，或他們所想像的處罰太嚇人而不敢去想。因此，孩子會覺得逃避責任或將過錯推到別人身上是比較安全的方式。

然而，孩子的善惡觀念其實是覺得自己的過錯是應該受到處罰的，他們內在並沒有比現實中的父母要來得寬容。孩子有時候會不停地故意激怒父母，讓父母覺得孩子是故意討挨罵。有時候當父母達到忍受的極限時，孩子的確會成功地激怒父母而受到嚴厲的懲罰。當孩子傷害到其他人時，很快地會產生一些自我懲罰的方式，有時候是打自己或撞頭，有時候是在短暫的時間內不停地出錯，跌倒或傷害自己。

孩子心目中也會有個理想和極佳的父母形象，一個讓他們努力效仿且配得上的偶像。孩童會極力取悅父母，想要獲得他們的認同。讓孩子知道什麼會讓父母高興、不高興，是建立規矩的有效方法。

當孩子經歷過父母所表現的體貼而堅定的態度，而非懲罰時，就會學著同理他人，就如同其他人對待他一樣。孩子會開始

後悔自己的生氣行為，因而希望有所補償。修理東西和當成人的小幫手，像警察或護士，對孩童而言是重要的遊戲模式。

進入語言高階班：能表達感受與對話

　　孩子對於詞句的模仿和試著發音的企圖常常讓身邊的人感到愉悅，像是孩子還無法正確發音或完整地把句子說清楚，例如：把蝴蝶講成「福蝶」，或好玩地堅持使用兄弟姊妹所創造出來的名字。當茉莉還是娃娃時，她以為冰淇淋就叫做「一點」，因為每次當她經過冰淇淋攤位時，爸爸媽媽就會問她：「要吃『一點』嗎？」諸如此類的細瑣漸漸轉變成家中流傳的軼事，而且在他們的關係中建立了幽默的連結。

　　有時當孩子對所觀察到的事物直言不諱時，他們在語言上早熟的趣味和逐漸增長表達自我的信心常常令家長感到尷尬。芮娜和媽媽一起搭公車的時候，媽媽發現芮娜一直盯著坐在走道對面的一位老太太。芮娜突然指著那位老太太大聲地說：「媽！她的鼻子上有一個好大的痘痘（疣），就像《桃子、李子和梅子》（Each Peach Pear Plum）故事書裡的人，她也穿了一樣的黑色長襪，還有……」媽媽輕聲跟芮娜說請她講話小聲一點，以免打擾到其他的乘客。雖然芮娜媽媽覺得很尷尬，但她並沒有責罵芮

娜，僅是對著老太太抱歉地微笑了一下。

　　三歲大的孩子喜歡自己發明詞句，談論著「搖晃的」頭髮（長髮飄逸）。他們會利用自己的推理能力，創造出具有邏輯性的字句，例如「最高好」（goodest）和「最高漂亮」（beautifulest）。對於孩童而言，能夠不害羞、隨意地試用新的詞句是非常重要的。曾經遭到嚴厲糾正的孩童，或那些無法接受自己犯錯的孩子，可能會在他們確定說出來的是正確的詞句之前拒絕開口說話。他們身邊需要有能夠與他們交談或是回答問題的其他孩童或大人。

　　語言也是一種孩子們理解周遭世界、自我經驗和情感的方式。當孩子可以將想法和感受利用語言表達，並說出心裡的話，便是在發展上向前躍進了一大步。孩子的思考能力和理解自我經驗的能耐會展現在利用口語表達自我的才能上。

　　倘若孩子很難過或很興奮的時候，他們的感覺可能太強烈到以奔跑、敲打或尖叫的方式爆發出來。但冷靜下來之後，在大人的協助下，孩子可能可以用語言說出他們的感受。

　　對於阿舒夫而言，在托兒所的午餐時刻是很辛苦的。主要照顧他的老師有一天請病假，在沒有其他大人看到的情況下，一個孩子從他的盤子裡拿走一根紅蘿蔔。配餐的工作人員也不知道阿舒夫不喜歡不同的食物被混在一起，因此在他的醃漬梨

貼心小叮嚀　　能夠用語言表達感受是幼兒成長的一大步。

片上放了一匙的優格。阿舒夫離開座位，看了四周一下之後，出其不意地就將一碗沙拉倒在另外一個小朋友頭上。負責的老師明顯地表現出不悅，不過即使經過一番威脅利誘，阿舒夫仍拒絕道歉或幫忙收拾殘局。阿舒夫離開混亂的現場，躺在地上。最後，在將現場清理乾淨和安撫被欺負的小朋友之後，老師前來和阿舒夫談一談：

> 老師：你在生氣嗎？
>
> 阿舒夫：你說呀！
>
> 老師：你為什麼把沙拉倒在人家頭上？你那時候很生氣嗎？
>
> 阿舒夫：你在一個小時之前就惹我生氣。
>
> 老師：我做了什麼讓你生氣？
>
> 阿舒夫：你給了我一坨白色的大便。
>
> 老師：你不想要優格，是不是？
>
> 阿舒夫：我只想要梨子。
>
> 老師：那你現在還在生我的氣嗎？
>
> 阿舒夫：我想要你抱抱我（老師向阿舒夫靠近了一點）
>
> 阿舒夫：不是現在！我剛剛想要你這樣做，但是你沒有。

　　阿舒夫無法控制驚嚇和生氣的感覺，便將這樣的感覺藉由一碗沙拉轉移到另一個小朋友身上。他感覺老師誤解、輕忽他，於是藉由漠視所有請他幫忙清理的要求來傳達這樣的感覺。然而，當老師表現出願意來理解他這個行為背後的意義時，阿舒夫就可

以用口語來表達和分享他的感覺。

當阿舒夫一再體驗到他人能理解他的感受時，便可以逐漸讓他用口語來表達自己的感覺，且慢慢消除無來由攻擊其他小朋友的行為。

好奇心和問問題

絕大多數的孩子都有著滿滿的好奇心，熱切地探索空間、大小體積和距離。他們會想知道不同材質之間的差異，不一樣的聲音以及是什麼東西會發出這樣的聲音。他們對於事物的運作方式很感興趣，包括人體，希望了解這東西裡面有些什麼，無論是一部汽車、一台機器或是一個人。他們會伸出天線接收大人對話的片段，觀察身邊事物的發展和提出問題。

探索和試著去理解所存在的世界，孩子在這方面的興趣上多少有賴於本身的氣質，不過若父母對孩子及他們正在發展的心智有興趣的話，也會有影響的。如果父母在嬰兒時期盡全力去理解孩子的行為和充分溝通，他們便會吸收這願意理解和學習的熱情，藉由這個方式，孩子所發展出來對世界的好奇心會較為健康。他們的問題可能是直接了當和令人尷尬的，例如在不合時宜的時刻問到小嬰兒是如何生出來的，或父母之間的性關係，或有關於死亡。他們可能會問到一些沒有標準

> 貼心
> 小叮嚀
>
> 三歲的幼兒很喜歡問「為什麼？」來吸引大人的注意。

答案的抽象問題，例如：「我在生出來之前是在哪裡？」家長可能無法馬上或完整地回答這些問題，但很重要的是，要讓孩子知道父母很重視他們所問的問題，且願意對孩子感興趣的事物有所回應。

　　有時候，無止盡的問題和「為什麼」似乎是小孩延續對話的方式，用來吸引大人們的注意力，也讓其他兄弟姊妹不能靠近。孩子們會對大人「緊追不放地」問問題，尤其是沒有安全感的時候。薇琪跟乾媽出去玩了一天，乾媽決定在送薇琪回家之前，去拜訪幾位朋友，一起喝茶。當乾媽告訴薇琪有關行程的變動時，她的反應是：「為什麼？」然而更進一步的解釋卻導致更多的問題，最後，乾媽理解到理性的答案並沒有任何幫助，反而，乾媽向薇琪保證她媽媽知道行程的改變，媽媽會在家裡等她，當薇琪回到家就會看到媽媽了。薇琪鬆了一口氣——她其實對解釋並不感興趣，不過她緊抓住乾媽的注意力，直到大人了解到她對想要看到媽媽的擔憂。

柯葉晨，柯曉東攝影

第二章

家庭親密網

爸爸、媽媽和小孩是家庭中的三角關係，彼此互相爭寵吃醋，
這是很微妙的情感糾結，叫作「伊底帕斯情結」。
父母如何面對這樣的情結和處理孩子的嫉妒呢？
親子有親子的關係，夫妻有夫妻的關係，
如何拿捏？如何設下界線？
訓練孩子獨睡，還給父母一個親密空間，知易行難，該如何做呢？
父母管教孩子的方式，完全一致好還是各司其職好呢？
最後描述了單親家庭孩子的情感失落，
以及父母怎麼做，才是真正地對孩子好。

家庭中的三角關係

父母、核心家庭成員和家是三歲小孩世界的中心。他可能會向外探索而去到托兒所，或偶爾與較為陌生的人有些互動，不過孩子最強烈的情感聯繫還是在父母身上。他們已經在一起相當長的時間，且一起度過某些重要的里程碑，如：踏出第一步和說第一句話。無論容易與否，也順利度過了早期的失去，如斷奶（戒斷由母親親餵母奶或使用奶瓶），或當媽媽需要回到工作崗位上時的分離。

三歲的時候，孩子對於父母的感受已經歷過許多變化和起伏，有些是與父親有關，有些是與母親相關的。有時候這兩個人是可愛地令人尊敬，有時候又是令人憤恨而嫉妒。如果還有其他手足，兩個孩子可能會不時地「聯合起來」對付父母。如果父母住在一起，或不住在一起，孩子也會在某種程度隱約感受到父母之間有著個別和私人的關係，而他並不在這個關係當中。三歲的小孩很清楚地知道父母是一對「夫妻」。他會對這段關係感覺到非常嫉妒，而且知道自己是被排除在這段關係之外的。如果父母相擁坐在沙發上，他就會去擠在兩人之間。

孩子會對自己身為小孩的限制感到生氣挫折，而渴望擁有像爸比一樣的力量和能力，或像媽咪可以

> **貼心小叮嚀**
>
> 父母、核心家庭成員和家是三歲小孩世界的中心。

源源不絕地提供食物、關愛和美麗。幻想著擺脫媽咪讓自己可以完全擁有爸爸，對於一個這樣年紀的小女孩（甚至年紀更小一點）是非常正常的，或是小男孩熱情地擁抱媽媽，同時瞪視著爸爸，好像是要告訴他說：「離遠點，她是我的！」

伊底帕斯情結

　　「伊底帕斯情結」，這個現在眾所皆知的情感模式，由佛洛伊德發明，他讓我們注意到孩子與父母中不同性別那一方的情感糾結。佛洛伊德藉由古希臘神話故事來闡述他的論點，這個故事描述伊底帕斯是如何在不知情的情況下殺死了父親，並且娶了母親為妻。這個論點並不是如同文字表面上敘述的那個樣子，而是簡短地描述了孩子對於父母中不同性別那一方的嫉妒的渴望。具有這樣的冀望，讓孩子希望能夠擺脫（或是「消滅」）與他／她競爭的對手，這個與他爭奪父親或母親關愛的對象，這就是大家所知道的伊底帕斯情結。這不見得是有意識的想法，反而可能是當孩子想要佔有父母其中的一方，而排擠另一方時伴隨而來的想像情景。

　　絕大多數的家長都聽過孩子對父母中的一方說出這樣愛的宣言：「當我長大以後，我要娶妳／嫁給你！」而忽略他現在說的

> **貼心小叮嚀**
>
> 伊底帕斯情結是指孩子與父母中不同性別那一方的情感糾結，比如兒子偏愛媽媽，女兒則偏愛爸爸。

這個人已經結婚了的事實。被排擠的父親／母親可能會覺得很受傷，並且生氣地有所回應。我們必須考慮到孩子會為了要讓他人了解自己的感受，利用各種方式造成其他人跟他擁有一樣的感受。因此，孩子對於被父母排除在外的受傷感受，現在傳遞給那個被排擠的父親／母親，他／她便可以體會到自己的感受。孩子這樣的行為似乎在說：「讓他／她嚐嚐看被排擠的滋味是如何的！」

尼可和父母星期天都會到郊外玩，而這也是一星期當中最令人快樂的活動。天氣逐漸暖和的時候，他們有時候會去河裡游泳。有一次，媽媽脫下內衣和褲子想要很快地在水裡泡一下，當媽媽起身的時候，尼可跑向她，摸了一下媽媽的內衣，且充滿渴望地說：「喔！我真喜歡胸部，她是多麼的漂亮！」媽媽回答他：「而你也是我漂亮的兒子！」當他們準備要開車回家時，尼可要求坐在前座，要坐在媽媽旁邊，並且命令爸爸「去坐在小孩應該坐的後座」，他的爸媽感到相當不解，因為尼可以前從來沒有對坐在前座這麼有興趣，但他們堅定立場，堅持尼可坐在兒童汽車座椅裡並綁好安全帶，對他才是最安全的。

對母親有情色的感受

我們可以發現，看到母親裸露部分的身體是如何很快地激起尼可的熱情，這樣的狀況似乎喚起了早期對於母親的記憶──他還是嬰兒時在母親胸前的經驗，當他凝視著母親的眼睛時（以

及媽媽注視著他時），吸吮著她的乳房且感受到溫暖的母奶充滿自己。這些在早期母親與嬰兒的親密感仍會存留在孩子心中，也會幫助他們減輕遇到挫折或困難時的衝擊。像這樣早期的感官感受，和高漲的強烈伊底帕斯情結，兩者的融合便引起了尼可對母親的熱情，使得他堅持要跟媽媽坐在前座，以表達想要取代父親的意圖。

相信嗎？
嫉妒會導致睡眠障礙

　　小孩的嫉妒和激動的情緒盡在高點時，會讓他們在睡眠上出現困難。父母常常會抱怨，孩子似乎有本事「知道」大人想要享受兩人親密的時光，然後就選在那個時候出現在房門口或是吵著要喝牛奶。沒有明顯原因而會在夜裡醒來很多次的孩子，也有可能是在晚上起來檢查父母在做什麼，尤其是當大人討論要不要生下一個小孩的時候。

　　三歲的潘妮以往是個熟睡的孩子，卻開始一個晚上醒來三到四次，每次都喊著要爸爸。這個時期，潘妮最喜歡的活動是穿戴媽媽的帽子和鞋子，有時候還會

貼心小叮嚀

　　當大人討論要不要生下一個孩子的時候，三歲幼兒常會出現一些讓大人傷腦筋的行為。

畫一點妝。媽媽發現潘妮通常會在傍晚爸爸快回到家時裝扮自己，當爸爸進門的時候，她會搶在媽媽和一歲弟弟唐之前飛奔到門口，拉著爸爸的手，給他看她最新的畫作（潘妮在其中一張裡把媽媽畫得很小，像一個小女孩，而把自己和爸爸畫得一樣大，並且是手牽手）。

有一天，就在爸爸要回到家的時候，潘妮想要去尿尿，但她花了很多時間就是無法解開釦子，然後就尿濕了褲子，當爸爸回到家的時候，看到的是心煩意亂的女兒，媽媽幫潘妮清理的時候，她一邊哭而且不願意看著爸爸。

另一天傍晚，潘妮給爸媽看一張她剛畫好的圖，這張圖上畫滿了不一樣的形狀：三角形、圓形和方形。她跟他們說她最喜歡的形狀是圓形，畫得最糟糕的是三角形。快要去睡覺的時候，潘妮問媽媽可不可以戴她的結婚戒指，媽媽答應了。她用了一個在摸彩福袋裡得到的戒指跟媽媽交換，然後，去找爸爸，四肢攤開地躺在他的腿上，並說道：「我現在跟爸爸結婚了，媽媽是唐的，爸爸是我的！」

我們可以看出圓形會如此吸引潘妮的原因：它圓滑的表面，以及其給人連貫及相似性的感覺，然而，三角形的三個角似乎訴說著：「這裡有一群人！」潘妮的父母將所發生的事件綜合起來判斷，懷疑她晚上會醒來的原因可能是與現在正經歷的階段有關。針對這個問題的共同討論，以及有了造成這個新行為根本原因的看法，幫助他們更諒解潘妮。因此，潘妮的父母在向對方表

達情感時，會小心地避免引起她的嫉妒情緒，並繼續堅持她晚上
必須睡在自己的小床上，而且在她起床的時候，爸媽會輪流去看
顧她。過了不久之後，潘妮的睡眠形態便慢慢有了改善。

小孩一個人睡，不公平

　　絕大多數的孩子覺得父母的床才是世界上最好、最舒服的，
常常希望能夠蜷曲於這特別的所在。孩子認為父母的床擁有一些
刺激的神話。三歲大的泰莎倒在父母的床上說：「這是一張大
床。」媽媽回答說因為這張床需要放得下兩個人，爸爸和媽媽。
泰莎說：「可是我也想要有這樣的大床。」媽媽解釋說等她長大
以後，結了婚也會跟她未來的先生有一張大床，泰莎回答：「是
啊，跟湯姆（她爸爸的名字）一起！」

　　泰莎直稱爸爸的名字「湯姆」，而不是叫爸爸，似乎想要模
糊父母與孩子之間的界限，且希望自己能夠在這場爭奪父親的戰
爭中佔有些許優勢。

　　孩子常常會抱怨不公平，為什麼自己必須一個人睡在小床
上，而父母可以相互陪伴地睡在一張大床上。畢竟，就像泰莎後
來說的：「一個小女孩必須自己睡，而兩個『大人』可以有對方
作伴！」

　　小孩通常會大聲地抱怨事情的不公平，而且對事物的公平性
相當敏感，如：食物、禮物和注意力的分配。這可能是因為，儘
管自己的能力和技能不停地在增長，事實上孩子還是依賴照顧他

們的大人來支持和養育他們。而父母之間那種獨佔對方的關係，自己又是不在其中，這可能是引起這種不公平感覺的原因。

小孩一直跟著父母睡，好嗎？

孩子若是知道太多關於父母的性生活，大人就最好理解到孩子了解這件事情後，所帶來的刺激和可能的麻煩。他們需要知道這個區塊的存在，以證明父母之間是相愛的，但不需要真的看到或聽到。

在與三歲孩子共浴，或裸身在家中走動時，父母發現自己變得更加小心。這不僅表示家長需要建立較為神經質的態度，意識到裸露和身體功能對孩子的影響，也會變得特別警覺，對於孩子無法處理這些糾結的感受的時候，情況將變得如何激動。當父母有一人不在的時候，讓孩子睡在「爸爸睡的那一邊」是相當吸引人的，這可以引起孩子幻想這次是真的擺脫了父親（雖然他很清楚地知道，爸爸只是去工作），且自己可以一個人擁有媽媽。這也適用於與孩子相同性別的家長上，或是單親父母身上。單親家長和小孩共睡一張床可能令人覺得安慰，不過，也可能對三歲的孩子造成困擾，在他的幻想世界中，他可能會覺得自己睡在媽媽身邊的那個位子是理所

貼心小叮嚀

父母要敏感到三歲幼兒已經對裸露身體有所感覺了，可以讓孩子理解父母性生活這件事，但不必讓他們真的聽到或看到。

當然的。

　　無論是否真的有個伴侶，對單親家長而言，讓孩子在心中認為父母是一對，很重要，而且要覺得單身的媽媽可能是會有個伴侶的。他必須知道他的位置並不是在父母的房間裡，而是在他自己的房裡。若孩子是跟單親父母睡在同一張床上，當有一位伴侶出現了，或爸爸偶爾留下來過夜，他就會有很糟糕的反應，因為覺得被趕離了自己應該在的位置。

父母需要偶爾離開孩子，享受兩人世界

　　所有的父母親都需要在照顧孩子的過程中仍保有自己的休息空檔，來補充能量、重新恢復精神和培養父母兩人之間的關係。至少，如果晚上會不停地遭受打

貼心小叮嚀

每個父母都應該規畫充電休息的時間，逛逛街或是去看場電影吧。

擾，他們會想要試著弄清楚孩子睡不好的真正原因。確保家長和孩子都有受保護的休息空間，對身體健康是很重要的。

　　當孩子三歲的時候，家長可能有機會將孩子拜託親戚朋友或保母暫時照顧，時間不要太長，例如一星期當中有幾個小時，這就是父母緩口氣的時候。端看臨時保母是否願意看顧整個週末

（或僅是一個晚上），且需要完善的事先準備。臨時保母可能需要住到家裡面來，讓孩子處在熟悉的環境並照常原本的日常活動。這個年紀的小孩對於時間長短的理解能力尚未發展完全，他們可能需要日曆的幫助，清楚地標示哪些日子爸媽是不在的，哪一天他們會回來。孩子對父母不在時的時間長短感受才是重要的，可能爸媽只離開了幾天，但孩子開始覺得他們會永遠都不回來了。對小孩而言，父母短時間的離開，是比較容易接受的，一個星期或更長的時間就比較困難了。

我以為孩子會很高興看到我們回來呢？！

　　孩子可能在父母不在的時候適應得不錯，不過當他們歸來時，孩子可能會表現出之前所承擔的緊張，或沒有平時那樣的活潑有朝氣，他可能會轉身離開，或冷漠地對待父母的問候，來表示對自己被撇下的怒氣。爸媽繼續表示友善和歡迎孩子，忽視他們冷若冰霜的反應，很快地，關係就會恢復到和之前一樣了。

　　如果家長離開了一陣子（假設是去上班），回來時，三歲的孩子可能不會急忙跑去迎接，反而可能是把自己藏起來，然後需要爸媽去找他。孩子想要爸爸來找他，這樣爸爸就可以感受一下想念某人，以及等待某人重新出現的感受。如果家長可以用幽默的態度來看待，並把這個活動變成躲貓貓的遊戲，便可以重新建立孩子與父母之間的信賴感。

　　莎莉瑪和媽媽烤了一個巧克力蛋糕當點心，當爸爸下班回

到家時，她說的第一件事情是：「我們今天烤了一個好好吃的蛋糕，但都吃完了，一點也沒有留給你！」事實上，並沒有人碰過蛋糕，不過，莎莉瑪已經達到目的了。在這一整天當中，她和爸爸相處的機會被剝奪了，所以她覺得也要讓爸爸感受到失去某樣相等特殊的東西才算是公平。父親接受了這樣的事情並大步走過，在吃過晚餐後，爸爸把她抱在腿上、讀了她最喜歡的故事書給她聽。

我要像爸比媽咪一樣

　　雖然孩子有自己的氣質和個性，但家長還是會對孩子未來要成為什麼樣的人具有關鍵性的影響。傑克的媽媽描述他是如何對清洗窗戶的工人著迷，和修理洗碗機的工人閒聊，跟著這些人在房子裡跑來跑去，還堅持要和他們一起吃午餐。他似乎把這些人和爸爸連結在一起，可能還想像如果自己是像爸爸的樣子時，會是什麼樣的感覺。不過，傑克也非常有興趣地觀察著媽媽。

　　媽媽在烤一個藍莓派，給了傑克一個玩具烤箱和一些食物。傑克在桌上拿了條小方巾，用它小心地拿起他的玩具烤盤，就像看到媽媽在做的事情一樣，他握著烤盤的邊緣走向玩具烤箱，打開烤箱的門，小心翼翼地把烤盤放進去，設定時間，自言自語地說：「現在把派放進去了，應該不需要太久的時間吧，派！派！

派！」他回到桌子旁邊，開始整理混雜在一起的碗，並輕聲地哼著他的「派之歌」。他用玩具盤子布置桌子，並宣布派烤好了，他用刀子沿著烤盤的邊緣切開，確認派不會黏住、可以從烤盤中拿出來。當傑克把派從烤盤裡拿出來時，可以感受到他是真的非常快樂，就好像認為自己是個「一邊唱歌，一邊烤派的媽咪」。

　　傑克一定觀察這個活動的細節很多次，他看來不僅是吸收了媽媽烤派的方法，還有她在這件事情上安靜的專注態度，以及她對做出好東西的那種喜悅感。傑克之所以能夠能這樣關心和專注於正在從事的活動，一定是長時間以來，經歷過父母或其他親近的人所給予相同的關注力。利用這樣的方式，他可以認同愉快的專注態度，最後這些特質會成為他發展人格中的一部分。知道自己可以有這樣的快樂經驗，以及可以讓自己很有創造力，對他是很有益處的，且可以讓他對生活懷抱著樂觀的看法。至少，當事情出錯時，或面對生活中尋常的挫折或混亂時，在他的內心裡有些東西是可以依靠。

　　孩子需要一個可以學習和欣賞的家長角色，雖然不太可能一直都以令人讚賞的方式表現，不過作為一個模仿的對象，通

貼心
小叮嚀
　　影響孩子長大後成為什麼樣的人，除了孩子本身的氣質和個性外，父母也是一個重要因素。

貼心
小叮嚀
　　父母經常是孩子模仿的對象，你怎麼做，孩子就怎麼學喔。

常會讓孩子們得到足夠好的經驗。一個小男孩要是覺得父親是與他爭奪母親的競爭對手，當父親無法勝任某些事情或是犯錯的時候，他會顯得相當得意。兒童故事有時候會誇大這樣的想法，來表示父母（或其中一位）是無能的，而將另外一位描述成是比較自鳴得意或是不可信賴的。這些書籍可以是有趣好笑的，且清楚地傳達一個訴求：孩子喜歡看到全能的父母扮演愚笨的角色。史丹和楊（Stan & Jan Berenstain）所寫的《單車課程》（The Bike Lesson）描述了這樣的情景，熊爸爸想要教兒子如何騎腳踏車，但每一件事情都錯了，結果，反而是一堂學習如何「不」騎腳踏車的課。

爸爸媽媽不要吵架，我怕怕

　　照顧一個或更多五歲以下的小孩時，還要相處融洽，對父母而言是相當辛苦的。家長雙方可能都要在較少的睡眠時間之餘，試著完成工作和生活中的各項事物，而且很難找得到時間和空間兩人輕鬆地單獨相處。父母隨著生活中的起伏而表現出的和諧狀況，會讓小孩感到最安全。當嫉妒爸媽間的親密關係時，如果看到他們彼此看對方不順眼，甚至互相嘶吼時，孩子會變得焦慮，覺得不安全和不被重視。因為他們認為父母應該是相愛的一對，對這樣父母的混雜感受會讓孩子覺得自己應該對爸媽之間不好的氣氛負責，好像擔心他們曾經希望過父母分開的願望可能會實現一樣。

　　三歲大的派翠克坐在廚房裡，他媽媽這時走進來，把外套遞給派翠克，且煩躁地告訴他：「去跟你爸說我找到你的外套了，」然後低聲地說：「因為我不要跟他講話。」爸爸走進廚房，問是在哪裡找到外套的，媽媽卻沒有任何回應。派翠克後來離開廚房，突然間呼喊媽媽，告訴她樓梯很可怕，媽媽牽著他走上樓梯，派翠克要和媽媽一起玩「醫生和病人」的遊戲，堅持媽媽「受傷了」。他讓媽媽坐在他的懶人椅上，把媽媽的牛仔褲捲起來露出小腿，用棉花球輕拍媽媽膝蓋上「假裝的」傷口，說要幫她打一針，而且這是很「危險」的一針。

　　派翠克可能不經意聽到媽媽對爸爸的評價，感受到父母之間那個「危險」的緊張氣氛，他可能感受到這兩個有能力的大人，在那天似乎像敵人一樣，可能會對對方做出可怕的事情，如果這樣的事情發生了，他們會把他留在哪裡呢？這或許就是為什麼派翠克突然感覺到恐懼的原因，他試著替媽媽為什麼會生氣找一個顯而易見的理由，因此創造出膝蓋上的傷口，然後把自己當成醫生，是一個可以解決所有事情的角色。

父母最好同時是嚴父也是慈母

　　雖然每位父母教養孩子的方式會依照個人的風格和個性而有所不同，孩子需要能夠感受到父母個別地擔任溫柔、撫慰的角色，同時也是堅持和有原則的。有時候角色上會有所分隔，一位扮演著堅持、有設限的角色，另一位則是負責安撫和教養孩子。

面對角色分配這樣清楚的狀況會讓孩子感到迷惑，若是家長可以同時扮演這兩種角色，他們會覺得比較安心，因為如此一來，每一位家長都可以對孩子提供這兩種方式的照顧，就不用依賴其中一位了。

　　有些家長很努力地確保孩子知道他們其中的任一個，都可以提供堅持和和藹兩種態度，但對某些家長而言，會是比較困難的。同樣地，有些單親家長可以同時扮演這兩種角色，但對其他某些單親父母而言，要同時是「嚴父」或「慈母」，可能是不容易的。

你中了小孩的挑撥離間計了嗎？

　　孩子相當擅長在父母之間挑撥離間，想要造成大人的憤怒和口角，尤其當他們認為父母中的一位是比較寵愛或「溺愛」自己，而另一位是比較嚴格的時候。如果父母雙方是珍惜和感激對方的，還較容易容忍這樣不時被拒絕的痛苦感受。孩子可能有段時期指定只要父母中的一方送他上床睡覺，而這個「選中」的人選可能會暗自欣喜，覺得自己勝出於另一半。偶爾，我們都會有幼稚的感受，會競爭孩子對我們的喜愛。父母較不受喜愛的一方可能要稍微忍受一下這樣的感受，但不見得凡事都要配合孩子的要求。當孩子最後證明了父母，而非是自己，對於目前的狀況是有掌控權的時候，他們才會覺得安心。

　　若父母親相互尊重，也尊重孩子，且以細心體貼的方式與別

人相處，他們便會從父母身上學到如何尊重他人的感受。如果父母一方總是批評奚落或詆毀另一方，就會影響孩子對後者的認同感，他們可能不想要站在「輸的這一邊」，因此覺得有必要加入挑剔苛求或嘲笑的行列。

孩子被不同的管教方式給搞亂了

有時候家中對孩子的管教方式有著極端不同的看法。舉例而言，其中一位家長相信嚴格的規矩，就是會處罰孩子的「壞蛋」；而另外一位採取較寵愛的態度，就會是

貼心
小叮嚀

大人們，請盡量統一管教的方式，否則小孩是無所適從的。

「溺愛」孩子的「軟心腸」好人。另外，爺爺奶奶們也可能對孩子的管教方式有不一樣的意見，倘若他們一起加入時，情況就會變得更困難了。這些不同的方式會對孩子造成疑惑和擔憂，照顧他們的大人們傳達出不同的訊息，而嘗試著理解這些令人困惑的混雜訊息時，孩子可能會發展出苦惱和焦慮的跡象。

三歲大的安德魯是由父母、爺爺奶奶和外公外婆輪流照顧的，因為這些大人們的管教方式大不相同，他開始表現出苦惱的樣子，會有敲頭的行為和難以安撫的怒氣。

　　爸爸非常嚴格,對一個三歲小孩而言,他對安德魯的期望相當高。只要爸爸舉起一根手指或提高音量,他就會相當害怕,馬上停止手上正在進行的動作。相反地,媽媽討厭打斷安德魯正在進行的活動,她會讓他把皮包裡的所有東西都倒在客廳地板上,或是搜刮冰箱裡的食物,或在身後留下混亂的痕跡,如邊走邊脫衣服。媽媽對待安德魯的方式像對待一個年紀比較小的孩子,每次只要他哭,媽媽就會給他一條毛巾讓他握著,無論他們去到哪裡都會帶著這條毛巾。爸爸堅持嚴格的規矩和固定的日常活動,要是安德魯不願去睡覺,是會受處罰的。但是,媽媽並不認同定時用餐或準時上床這種方式,她覺得「安德魯這輩子的其他時間都會遵行固定的日常活動,現在的他只是個小孩」,他可以在「想要去睡」的時候再去睡覺,有時候甚至是在客廳睡著,然後才被抱上床的。安德魯覺得對媽媽可以為所欲為、予取予求且沒有任何限制或約束,但同時間,他很畏懼爸爸,而且是有距離的。因此,當照顧者換人的時候,他得不停適應不同的期望,以致無法放鬆或專心玩遊戲。

　　我們可以想像管教方式的極端差異是如何導致安德魯的疑惑和擔憂,而造成他鬆散的行為模式。

聯合陣線一起面對孩子的問題

　　莎莉和約翰帶著三歲的馬丁在希臘度假,並租了一部車環島。他們找到一處看起來很安全的美麗沙灘,準備要下水游泳。

當爸媽還在換衣服的時候，馬丁在淺灘處拍打著水花，不耐煩地想要快點下水。媽媽請他等一下，因為他們並不熟悉這片海灘，不能讓他一個人下水，但爸爸卻不認同媽媽的看法，還叫她不要一天到晚愛擔心。當他們還在爭吵時，馬丁跑進海裡，突然間，他們聽到一聲尖叫，馬丁下水的地方剛好是一片石頭，佈滿了海膽，而他被海膽刺傷了。他們迅速地將因疼痛而不停尖叫的馬丁送到最近城鎮，找到一個會說一點英文的醫生，請醫生幫忙把刺挑出來。

莎莉和約翰相當緊張又焦慮，不過現在不是互相指責「我早就說過了吧！」的時候。馬丁哭著要爸爸握著他的手，而不是媽媽。此時，儘管媽媽覺得不公平，畢竟是她說下水前要先熟悉海邊情況的，但她必須忍受自己孩子氣的感受。在醫生幫馬丁打過針之後，約翰握著馬丁的手安撫他，媽媽站在床尾，拿著他最喜歡的玩具，巴斯光年，告訴它馬丁的腳到底發生了什麼事情，還利用巴斯光年搞笑、說一些安撫的話。馬丁雖然很難過，不過可以好好地應付這個磨難，他的父母合作無間地共同包容他，利用撫慰的詞句「從頭到腳」地支持著他。

單親的爸爸或媽媽，孩子還是你的

　　絕大多數的單親家長都是媽媽，通常都獨自和孩子住在一起，有些是自己的選擇，有些則是和另一半的關係破裂。有些孩子從來沒有見過父親，但有些爸爸仍然是孩子生命中重要的角色。孩子和爸爸接觸的品質和頻率有很大的差異性，完全看家長間是否還保有夠好的關係，讓對方定期持續地探望。如果家中的氣氛一直是緊張或有暴力行為的話，分居應該是解脫，但探視孩子的安排可能就成為另一個戰場。

　　到了三歲的時候，孩子會發現有些朋友的父親是住在家裡的，他開始對不在家的爸爸會產生一些疑問。對於單親媽媽而言，如果分開的過程是相當刻薄激烈或是充滿暴力的，要不顯露出自己對前夫生氣和痛苦的感受，還要同時提供足夠的訊息給孩子，是相當困難的。孩子可能也會學媽媽用這樣的態度對待爸爸，讓他成為不值得相信或是可怕的人。孩子可能會想像自己需要對父母的分開負責任，如果自己乖一點，或更可愛一點，或許爸爸就不會離開。這有可能影響到他們的自尊心。父母可以把遇到的難題對孩子據實以告，同時

貼心小叮嚀

父母雖然不住在一起，但還是要以孩子的利益為最大考量，照顧孩子的心靈。

表明孩子在爸媽分開這件事情上並沒有扮演任何的角色。有時候，當小孩想念缺席的父母時，在托兒所裡會變得焦躁不安和無法專心，尤其是當該方的探視無法持續或信賴時。他們會相當焦慮，不知道爸爸（或媽媽）會不會回來看他們，或是什麼時候會來。如果孩子失望了，主要的照顧者就得要收拾殘局。

蓋碧在托兒所裡遇到了一些困境，在「團體小圈圈討論」（孩子們圍成圈圈坐下來安靜地聽故事，或是和老師一起討論）時不肯安靜地坐下來或無法專心，而導致團體討論中斷。當她爸爸應該要來托兒所接她的那幾天，蓋碧很難安靜下來玩遊戲，不停地站起來望向窗外，看爸爸的車子是否已經來了。托兒所的老師發現蓋碧花很多的時間在做手工藝的桌子上剪剪貼貼，把紙片貼在一起，而且還要再確定這些黏貼好的紙片不會掉落。一天，蓋碧不肯讓照顧她的老師離開桌子，還試著用透明膠帶把老師固定在椅子上。在教師會議上，老師把觀察到的蓋碧的狀況提出來討論，大家懷疑蓋碧對黏貼的喜好和要把老師黏在椅子上的決心，可能和她擔心父親的不可靠性有關係，她可能希望把爸爸「貼在」自己的身邊，確定父親在答應要來接她的時候，會準時出現。或許蓋碧不知道要怎樣用言語表達自己的感覺，便利用和托兒所老師的互動，來表示希望重要的人物可以留在自己身邊的願望。所有的老師們同意蓋碧的不確定感會影響到她在團體討論活動時的專心程度。但這個狀況對蓋碧的媽媽有點尷尬，她覺得如果嚴格要求爸爸，或是不斷地找他麻煩，他會完全不願意來探

視蓋碧。然而，在一次的家長會談之後，托兒所老師強調蓋碧對爸爸到底會不會來接自己、什麼時候會來，感到相當焦慮；之後，父親為了準時來接蓋碧做了更大的努力，或在可能遲到時，先跟托兒所連絡。逐漸地，蓋碧變得比較穩定，比較能夠專心、放鬆地進行托兒所裡的各項活動。

呂宜蓁、呂宜卉，黃玉敏攝影

呂宜蓁、呂宜卉，黃玉敏攝影

第三章

家中新成員

媽媽懷孕對家中幼兒來說，是宇宙超級無敵大事，

因為要面臨新生寶寶的挑戰，

媽媽會不會因為照顧新生兒而疏忽了自己？還會不會愛我呢？

三歲兒會藉由不乖或找麻煩、

搞破壞及欺負弟弟妹妹等行為來測試父母，

或是尋求解答或掩飾他們的不安。

尤其，他們這時候對小貝比是怎麼來的，相當感興趣。

如何幫助家中幼兒適應家中新成員，

本章呈現了一個真實的案例，透過兩位母親的對話，

我們身歷其境地感受了孩子與母親之間的情緒起伏和心理轉折。

懷孕這件大事

決定懷孕

無論是要不要再懷孕，或是想要什麼時候準備懷孕，都未必是一個很容易的決定。三歲的孩子，通常正在經歷一個專橫和充滿怒氣的時期，當家中有這樣的孩子時，爸媽常常會說：「我們不敢想像再有一個小孩，這一個就夠了！」「我們不會這樣對待她，她現在就已經很愛吃醋了，有個弟弟或妹妹只會讓事情更糟。」相反地，家長可能討論想要有第二個孩子，因為「為了她好，這樣她就不會是獨生女」。根據家中現在孩子的行為或需要，無論決定是要或不要添加新的家庭成員，對小孩而言，都有可能帶來負擔。

事實上，孩子對於新生兒很有可能會產生混雜的感受，而他們可能不會意識到自己的感受，或無法利用語言表達。即使新生兒還沒有誕生，孩子在他們的心裡面也可能有小嬰兒——他們會看到朋友們的媽媽生小孩，而且好奇家裡會發生什麼事情。有時候，孩子會故意用挑撥離間的行為分離父母，或是讓家長互相對立，然後他們最後就會吵架，就沒有心情親熱做愛。不過孩子如果他覺得需要對阻止爸媽有個新

> **貼心小叮嚀**
>
> 如果父母發現孩子因心中不好的願望實現，而產生罪惡感或焦慮時，請給予適當的理解和安慰，讓他們安心。

生兒負起責任時，他也會擔起心來。他們對於分辨想像和現實的能力逐漸增長，不過有時候因為壓力，孩子會對於自己到底有多少力量而感到困惑。如果家長自行決定要再生一個小嬰兒，他會覺得鬆了一口氣，因為一個健康嬰兒的誕生，讓孩子確認他的能力是有限的，畢竟，自己仍然只是個小孩，重要的事情還是需要大人來做決定的。這樣一來，便能夠幫助孩子分辨幻想和現實。相反地，若是新生兒不幸流產，或是出生時受傷或生病，孩子就會以為他自己想要傷害或想要擺脫新生兒的幻想成真，他會相信自己擁有這種摧毀的力量，並且感到害怕。如果父母發現孩子對於願望實現的力量感到有罪惡感，或是焦慮，給予適當的理解和安慰，可以讓他們安心。

停止懷孕

　　有時父母會因為各種不同的原因而決定停止懷孕，也不太會直接告訴孩子，不過孩子還是可能從家裡的氛圍或對話，尤其是從剛失去胎兒的媽媽身上發現。

　　當家長擔心或發現某些突發或不一樣的行為時，有時候會需要尋求專業人士的建議，很多兒童諮詢診所提供類似的服務，可以幫助有五歲以下孩子的家庭做簡單的諮詢服務，經過幾次會談後，應可協助家庭回到正常的生活步調中。

　　內維爾太太帶著她的孩子，戴倫，來到幼兒諮商中心（Under Five Service），因為她最近發現戴倫說話會結巴，當我

跟他們一起會談時，我發現媽媽相當疲倦，而且情緒低落。戴倫開始玩著玩具，不過不能安定下來，他不停地跑向媽媽，拉著她的袖子，很緊急地說：「你，你，你……一定要，一定要，我……我……我……」結結巴巴地想要說出意思。他似乎想叫媽媽過去看他正在玩的玩具，不過媽媽好像沒有心情，也不是那麼感興趣。我發現當戴倫在玩玩具動物時，並不會結巴，只有當他想要吸引媽媽的注意時才會。我問媽媽最近有沒有發生什麼特別的事情，讓她這樣心神不寧，因為看起來戴倫似乎從來沒有這般努力吸引她的注意力或是興趣。我開始想是否戴倫最近的結巴是一種方法，一種當他氣急敗壞地說話時，強迫媽媽停下手邊的事情，聽他講話的方式。這是他想要將媽媽拉出低落情緒，而佔據她注意力的努力。

貼心小叮嚀

當家長擔心或發現孩子某些突發或不一樣的行為時，必要時可尋求專業人士的建議，像兒童諮詢門診或學校輔導室等。

　　內維爾太太之後告訴我，她懷孕了，不過她和先生決定不要把小孩生下來，因為他們覺得情感和經濟上都沒有辦法再負擔第四個孩子。當我們談論這件事情時，戴倫拿了一個「媽咪黑猩猩」，而且狠狠地把一個黑猩猩寶寶踢下遊戲桌。我和內維爾太太討論這樣的狀況，我告訴她戴倫可能有擺脫小娃娃的想法（反正小孩心裡想的應該也相去不遠），就像他剛剛在遊戲當中表現出來的，如何對待黑猩猩寶寶一樣。如果這就是父母對不想要的

小孩會做的事情，他可能擔心下一個被踢出去的就是自己。這很
有可能是造成他說話結巴的原因，用較長的時間把話說完，是他
用來緊緊黏著媽媽不放的方式。內維爾太太同意這樣的解釋有道
理，也注意到戴倫最近很黏自己，甚至不讓她好好洗澡。之後幾
次的會談，戴倫也在遊戲當中表演了多次類似的情節，我們一起
討論這樣的狀況，後來，他說話結巴的現象便消失了。

什麼時候宣布懷孕的消息？

家中的新成員會突顯出很多三歲孩子所面對的衝突，有時
候覺得自己是個需要依賴別人的小孩，有時候又覺得自己像個大
人。父母親常常不知道什麼時候是告訴孩子有關新生兒消息的最
好時機。如果太晚告訴他們，孩子可能已從其他人那裡聽到，但
太早告訴他們，又會讓等待的時間過於長久。如果孩子對新生兒
的性別有所期望，這樣的未知狀況更難掌控，除非父母親決定在
嬰兒出生之前就知道性別。無論哪一種，這個重大的消息都會激
發起孩子的好奇心和想像力。

當三歲的莎曼莎知道媽媽懷孕時，父母對於她的反應感到驚
訝，他們簡單地跟她解釋小娃娃是如何產生的時候，她大聲抗議
地表示：「你們怎麼沒有叫我一起來看？」有好幾個星期，每當
爸媽經過她面前時，莎曼莎會把眼睛閉起來，在該上床睡覺的時
候，拖拖拉拉地不肯去睡，而且常常在晚上的某個時間躡手躡腳
地走下樓來說睡不著。最後，她的爸媽發現，莎曼莎很擔心又好

奇他們趁她不在的時候都在做些什麼事情。爸媽跟她討論，有關於她似乎會來檢查他們晚上在做什麼的行為，並且讓她留下來和爸媽一起坐個幾分鐘。

　　有一次，莎曼莎下樓來的時候，做了一個圍欄，裡面放了一匹「馬媽媽」，然後小心地在旁邊放了一匹「馬寶寶」。之後，在爸媽坐的沙發後面做了第二個圍欄，在裡面放了「很多的寶寶」（從她的玩具箱裡挑選了很多的小動物）。她的父母饒富興趣地看著她玩玩具，相互討論著，除了那隻馬媽媽和她的小寶寶之外，莎曼莎為什麼要把其他的小動物藏在看不到的地方。也是因為她擔心爸媽生很多小寶寶，然後就沒有足夠的注意力可以分給她。當然，如果父母發現他們即將出生的是雙胞胎，或甚至是三胞胎，就會確認孩子認為家中會充滿小寶寶的幻想了。

　　這個年紀的孩子很容易融入大人的對話，吸收到比我們想像還要多的資訊。大人們常常以為小孩聽不懂，或是正在專心玩玩具不會聽到，因而在他們面前聊到或討論到相當親密或不太適宜的話題。事實上，有時候，孩子會擷取大人們所討論的部分內容或某些資訊，而這些偏偏是他們不了解的，可能會對這些困擾的似是而非的事情或扭曲的現實，感到困惑及焦慮。

　　托比的單親媽媽最近懷了克里斯的孩子，克里斯是她剛認識不久的男朋友。托比不小心聽到媽媽跟

> **貼心小叮嚀**
>
> 「媽咪懷孕了！」這個重大消息會激起孩子的好奇心和想像力。

朋友提到這次懷孕是個「意外」和「災難」。當克里斯來接托比媽媽去約會時，他變得歇斯底里且緊緊纏著媽媽，即使那天晚上的臨時保母是他很熟悉的，而他也明明很喜歡跟保母在一起。雖然媽媽還沒有告訴他有關懷孕的事情，但最後她了解到托比這樣的行為其實是害怕當媽媽跟克里斯出門的時候會發生「意外」。

小嬰兒是從哪裡來的？

　　孩子對於小嬰兒是怎麼來的有各種幻想，而且通常會連結到他們目前對自己身體功能的理解。在這個年齡的孩子，對於如何運用嘴巴相當感興趣——咬、咀嚼、吃、吞嚥、說話、尖叫——還有他們所製造出來的廢棄物，尿尿和便便。所以他們會假設小嬰兒也是以類似的方式製造出來的，尤其通常大人會說「媽媽在肚子裡有個娃娃」。絲薇亞在托兒所吃午餐的時候不停打嗝，她告訴同學，她的媽媽因為吞下太多的空氣而有了個小娃娃，「然後小貝比就會嗝出來」。

　　彼特之前已經知道「當精子遇上卵子」和「嬰兒是從一個特殊的通道出來」的說法，他根據自己對飲食和排泄的理論修改成這個說法「精子和卵子在媽媽的胃裡面遇到」，然後用一種神祕的方式從嘴巴裡出來，這個「特殊的通道」一點也不特別，不

貼心小叮嚀

孩子對於小嬰兒是怎麼來的有各種幻想，而且通常會連結到他們目前對自己身體功能的理解。

是尿尿出來的地方，就是便便出來的地方。小孩沒有性行為的概念，即使父母覺得他們將實際狀況說得很清楚了，但他們的想像有時的確會讓爸媽相當訝異。

兄弟姊妹間的互動關係：友誼與嫉妒

我有弟弟妹妹了

對於三歲的孩子而言，新生兒的誕生是是一個巨大的衝擊，但若是小心處理，經由幫助之後是可以被平復的，還會很喜歡小嬰兒對他們無止盡的崇拜。每一天感覺都會轉換、有所變化，而家長需要來回應付兩個小孩的需求，還要關注到他們。在一個年輕的家庭當中，每天的時光都充滿了歡樂、嫉妒或生氣。

三歲的蕎絲在屋外玩的時候注意到，十個月大的莎拉用鼻子頂著通往院子的拉門，看著蕎絲玩遊戲。她靈光一閃，跳起來和莎拉玩起了「松鼠鼻子頂著玻璃」的遊戲（兩個人隔著玻璃窗門鼻頭對著鼻頭），直到莎拉該去喝奶。

當蕎絲走進家裡的時候，媽媽剛好正在跟莎拉說：「我們來看看妳的童謠書。」她馬上在地板上布置了一個農場拼圖，說：「我想要玩這個拼圖。」媽媽建議：「讓我們來幫莎拉找一匹

馬。」然後她們一起撿起拼圖放在莎拉面前，突然間，蕎絲靠近妹妹，很用力地用手壓住她的背，當莎拉發出不舒服的聲音時，媽媽告訴蕎絲：「把手拿開。」莎拉爬向玩具箱的時候，蕎絲卻把它推開到妹妹拿不到的地方，自言自語地說：「把這個拿到走廊上去。」而她也真的照做。當莎拉跟著蕎絲時，她抓住妹妹的手臂並用力地捏她，莎拉大聲地哭了出來，媽媽便前來安撫。當媽媽把妹妹放在腿上時，蕎絲大叫著：「媽咪！我要上廁所。」媽媽只好站起來幫她。

　　雖然蕎絲喜歡和莎拉玩，卻很難忍受妹妹在喝奶時擁有媽媽完全的注意力，以及之後的親密時刻。她可能覺得自己被排擠，而用力捏妹妹來表達感受，就好像想要妹妹完全消失一樣。

為孩子們的需求做最好的調配

　　三歲的阿妮卡和她的朋友彼特，試著在屋外蓋一間房子。他們爬到花園的桌子底下，想要布置一個家，需要一個軟墊子，阿妮卡大叫請媽媽來幫忙。不過媽媽之前說過，在餵奶的時候不可以吵她。於是他們躡手躡腳地上樓，從爸媽房間裡拿了新的鴨絨墊子，鋪在泥巴地上當作床，還收集了阿妮卡所有的洋娃娃，放在鴨絨墊子的角落邊，並用杯子餵洋娃娃們喝牛奶，但是餵奶的過程顯得很髒亂，之後洋娃娃們在鳥兒喝水的盆子裡很粗魯地洗了個頭。

　　當看到牛奶和沾到泥巴的鴨絨墊子，媽媽嚇壞了，大聲地吼

了孩子們。她壓抑著生氣的情
緒，告訴他們，他們弄壞了不屬
於他們自己的東西，媽媽有多麼
生氣和失望。阿妮卡請求媽媽：
「不要跟爸爸說。」雖然父親從
來也沒有對她特別嚴厲。媽媽不

**貼心
小叮嚀**

當孩子在玩耍的過程
中搞了一團糟時，父母要
彼此互相支持協助，甚至
是看到孩子遊戲中幽默的
那一面。

認為對爸爸隱瞞這件事情是個好主意，不過她蠻確信他不會太過
生氣。媽媽在屋內啜泣了一下，當爸爸回到家時，他們討論了有
關阿妮卡顯然無法處理自己的感覺，那種餵奶時媽媽和小嬰兒在
一起而她自己被排除在外的感覺，而且她也無法承受起對自己行
為負責的負擔。媽媽必須給予阿妮卡足夠的關注力，還要在孩子
們間的需求做最好的調配。

　　家長可以互相支持，甚至是看到孩子遊戲中幽默的那一面。
如果小孩沒有辦法得到媽媽的注意力，取而代之的就是自己成為
父親或是母親。那天傍晚，這個問題再度出現，這次爸爸建議阿
妮卡幫忙把鴨絨墊子拿去放到洗衣機裡。阿妮卡顯然對於自己可
以彌補過錯，感到鬆了一口氣，而且這次是公開的。她惹惱了父
母，不過也證實了她所期待的那個嚴厲的父親僅存在於她內在的
幻想世界裡。媽媽和爸爸一同合作解決了這個不太愉快、也不是
太嚴重的問題。

我的哥哥姊姊們

對於三歲的孩子，擁有年紀比他大的手足是相當有助益的，當然有時候也可能會帶來心痛。年紀大的孩子的確擁有較多的技能，而這會讓年紀較小的感到挫折。然而，當他們想要做到和崇拜的偶像一樣的技能時，也可以是刺激發展的一種方式。如果年紀較大的手足是同性別的，兩人之間的競爭會較為激烈，因為，相較於不同性別的手足，年長的孩子會在嬰兒出生的那一刻起，更加覺得自己被取代了，不過時間一久，還是可以發現許多類似的地方。提姆跟他的哥哥喬，學了很多踢足球的技巧，哥哥對於可以教會這樣小的孩子運球感到很驕傲，提姆也在求學階段繼續展現他對體育活動的愛好。喬的足球隊讓提姆擔任他們的吉祥物，而他也在每場比賽開始之前，驕傲地在場上跑來跑去。年齡的差距也會有所不同，兩人若只相隔一歲，看起來會較相同平等，但在互相分享時就會顯得特別緊張、不易。

如果相差的歲數較多，年紀較長的孩子可能會誇耀自己的特權，如較晚的就寢時間，或是可以看較多大人的電視節目。他們可能也會對弟妹提供很多方面的幫助，在遊樂場教他們玩新的遊戲，教他們玩比較舊的玩具，把一些舊朋友介紹給他們，讓他們嘗試垃圾食物；但也有可能像爸

> **貼心小叮嚀**
>
> 父母不要太要求年紀較大的孩子，要他們有「責任感」，或是要他們替弟妹做太多的家事，這樣可能會造成怨恨。

媽一樣煩人的，喜歡自己較優越的主控權，不過有時候會缺少同情心和關注，而這些是父母會注入在親子關係中的元素。如果請他們幫弟妹拼圖，兄姊很可能會直接地把拼圖片放在正確的位置上，而不會耐心地引導，讓弟妹自己完成。年紀較大的手足是混合且豐富的個體；擁有兄姊的孩子，會比獨生子或身為老大的孩子，擁有相當不同的成長經驗。

手足之間的相處狀況，決定於孩子的氣質、兄姊內在的安全感，以及對於弟妹的容忍程度，或覺得需要「丟下」寶貝弟妹的程度。這可能取決於自己嬰兒時期的經驗，與他的嬰兒感受是否為父母所接受，這些都可以讓孩子較為容忍還是嬰兒的手足。父母親在手足關係上可以提供的幫助很多，例如：不要太要求年紀較大的孩子，要他們有「責任感」，或是要他們替弟妹做太多的家事，這樣可能會造成怨恨。若能注意不要老是假設年紀較長的孩子就一定是做錯事的人，可以減輕手足之間的緊張氣氛；當然，有時候弟妹的確很會激怒哥哥姊姊，讓他們挨罵或被責備，

「她才三歲，她怎麼會知道？」可能是常常聽到，而且對它很感冒的一句話。要來分享父母的關注是常見的抱怨，兄姊通常會覺得弟弟妹妹得到的關心比自己應得的要多。

有個兄弟或姊妹是有趣的，

即使哥哥姊姊有時候會覺得有個老是愛跟著自己到處跑，或是模仿自己的小弟或小妹是很麻煩的，不過他們通常會對手足感到驕傲，甚至是相當保護他們。有時手足之間喜歡淘氣地「結黨」，成為對抗父母的同夥，就像孩子對抗大人。

　　因為在牆上亂塗鴉，泰德被處罰不能吃冰淇淋點心，要上樓進房間去，不過，五歲的珍妮偷偷帶了些巧克力上樓去給他。珍妮可以理解他的處境。當沒有其他的玩伴時，假日的時候，她和泰德總是喜歡在海灘上一起玩沙，有一天，他們倆花了幾乎一早上的時間在沙灘上堆了一個城堡，泰德高興地提來一桶又一桶的海水和沙，珍妮則利用貝殼和一面旗子來裝飾城牆，快要完成的時候，泰德說；「珍妮，妳和我一起住在城堡裡。媽咪和爹地在外面。」「好！」珍妮熱切地回答，「我們來做一條護城河，這樣他們就進不來了，除非我們開城門讓他們進來。」兩個孩子正享受著他們是一對姊弟的勢力，可以把他們共同對父母的混雜感受表達出來，這些感受是來自孩子覺得有時候被父母這一對配偶所排除在外。

　　姊弟倆開始挖護城河，如泥狀般的棕色沙子從手指間流出，形成一道牆，泰德笑著說：「這是便便，從妳的屁屁裡出來的。」「才不是呢！是從你的屁屁裡出來的，因為你現在還在穿尿布呀！」

　　當提到自己仍然還無法在馬桶上大便時，泰德撇過頭去，不過很快就因為珍妮開始和他一起利用「大坨」的泥沙落在沙雕城

堡上，所製造出的聲音而興奮地咯咯笑。

　　這個年紀的孩子，對於自己的身體功能和排泄物相當感興趣，廁所的笑話或與這些有關的字眼，都可以娛樂他們，讓他們感到興奮，引起咯咯笑。會互相找麻煩的年長孩子，有時候會聯手一起對抗其他的手足，通常會是年紀較小的弟妹。

　　克里斯（三歲）和蘇（十八個月）之間的競爭相當緊張，常常會有爭吵或打架的情形，而這個時候，在媽媽腿上六個月大的哈利，饒富興趣地觀看著。有一天，當哈利在睡覺的時候，媽媽發現兩個孩子很專心地一起玩著娃娃屋。有趣的是，她看到他們把一個嬰兒人偶取名叫做「哈利」，而且兩人很快樂地不停把「哈利」的頭塞進玩具馬桶裡。兄妹倆放下之間的差異，聯合起來玩著擺脫這個嬰兒的遊戲。

▌朋友之間的對話討論

　　父母需要其他家長的陪伴，一個彼此分享經驗、得到同理、可以提供不同看法的夥伴。和關心自己的朋友討論可以幫助家長解決心裡的疑問，相對的，也會幫助孩子覺得被理解。在這個章節裡會節錄一

**貼心
小叮嚀**

父母需要其他家長的陪伴，彼此分享經驗，能夠同理，並可以提供不同的看法。

對朋友在幾個月內的對話，內容
是針對三歲大的麥斯，並點出一
些很多家長在準備迎接另一個新
生兒時，會面臨到的這個年紀的
孩子所產生的共同問題，包括高
興的，誇張的事情，擔憂和疑問。

　　我們可以聽到麥斯在知道媽媽懷孕時的反應，他試著處理自
己的擔憂，擔心著當新生兒出生時，自己會被排擠的可能。由於
預產期相當接近麥斯的四歲生日，讓事情變得更棘手。這對朋友
的對話裡，詳細地描述生日派對的場景，可以想像麥斯對於要和
新生兒分享父母，以及和一群急切的小朋友一同吹蠟燭的興奮感
和緊張心情。小孩開始對性方面有疑問——他們是有性慾的嗎？
這樣的問題，如同其他種種議題，仔細地和朋友討論是相當有幫
助的。

　　貝蒂和凱特從學生時期就是好朋友，而且雙方一直保有聯
繫。貝蒂和先生蓋，以及三歲的麥斯，住在一個鄉村小鎮上。凱
特是個單親媽媽，和同樣是三歲的琵帕及還是嬰兒的羅伯，住在
倫敦。這對朋友會固定地聊天或是利用電子郵件來分享與三歲孩
子生活的經驗，貝蒂很快就要生第二胎，但她發現和麥斯的相處
上相當地辛苦。在預產期三個月前，他們聊著這段對麥斯和整個
家庭來說，是相當興奮卻又很有壓力的時光。

新生兒誕生前的準備

貝蒂：昨天晚上麥斯看著我們從閣樓裡拿出他的嬰兒提籃，他就
消失離開，到了客廳裡去，之後我們就聽到客廳傳來乒乒
乓乓的聲音，原來他把所有可以移動的家具都換了位子，
整個客廳重新擺設一次，不過我們並沒有阻止他（那些都
是兒童安全設施），但當幾分鐘之後，我們回到客廳的時
候，卻無法進去，因為他把門口擋起來，把我們關在客廳
外面。我們有點緊張，不過後來還是想辦法擠進去，妳覺
得這是什麼意思？

凱特：妳覺得他會不會是因為看到你們把他小時候用的東西拿出
來準備給小貝比用而感到生氣呢？或許他開始覺得這一切
變真實了，我記得妳跟我說過，上次妳想要給麥斯感覺娃
娃在肚子裡活動的時候，他不肯，所以，到現在，他可能
一直都告訴自己說妳的肚子裡什麼也沒有。當我們把琵帕
的嬰兒車拿出來準備要給羅伯用的時候，她先是用力踢了
車子，然後爬上去而且說
她晚上要睡在嬰兒車上。
我認為她不喜歡看到在那
裡有個空的嬰兒車正等著
下一個主人。

貝蒂：有可能！其實，現在我想
起來了，當我們在客廳外

> **貼心小叮嚀**
>
> 看到嬰兒用品，可能
> 會引發三歲小孩的混雜感
> 受。他們可能需要再次確
> 定自己不會被忘記或是被
> 忽略。

面等他讓我們進去的時候，我有聽到他發出像小嬰兒一樣的咿啊聲。

凱特：不過，那改變客廳裡的家具擺設又是代表什麼意思？這真是匪夷所思，我能想到的一個原因是，他覺得他生活裡的所有事情即將因為這個嬰兒而有所改變。所以，這自以為是的小子，就用改變客廳裡的家具擺設，來告訴你們兩個他的感受是怎麼樣的，就像是有點困惑和不知所措，不太確定自己在這個家裡的位置在哪裡。他不是把你們關在門外嗎？我的意思是，因為你們沒有經過他同意，就自己決定要有個新的小孩，所以他有點心煩意亂，而且他聽起來有點擔心，擔心一旦在新生兒誕生後，他會被排除在所有的事情之外。所以，他把你們兩個關在你們自己的客廳門外，看你們喜不喜歡這樣！

貝蒂：嗯，有趣……他的確讓我們知道他的感受是怎樣的了。如果妳說的是對的，他就是利用他所做的這些事情來告訴我們他的感受是什麼。他那時候一定很生氣，因為我似乎花了很多時間在生他的氣和覺得難過，妳覺得這就是他想要傳達的嗎？老實說，他現在相當麻煩，我不知道我們要如何應付另一個小孩。

　　拿出一些嬰兒用品可能會引發一些三歲小孩的混雜感受，孩子可能需要再次確定自己不會被忘記或被忽略。他們可能會對自

己小時候的照片或影片感到有興趣，且會提出很多有關那時候自己是怎麼個樣子的問題。從孩子的角度來看，他們沒辦法理解，為什麼爸媽已經有了自己，怎麼還會想要另一個小孩呢？在新生兒誕生之前的準備時間，通常比小貝比出生之後要來得辛苦許多。這可能是因為對所有家庭成員而言，此時的不確定性是相當大的壓力，而且通常小孩會把新生兒誕生之後的日子想像的比實際上更糟糕。

早早醒來

貝蒂：昨天早上是個典型的早晨，但我必須要承認，午餐的時候，我哭了一下！

凱特：發生什麼事啦？

貝蒂：麥斯昨天六點就醒來，我們認為六點起床太早了，於是他就溜到我們床上來抱抱。然後，他堅持一定要跟我去上廁所，而且要像平常一樣坐在我的大腿上（他現在根本太大而不能坐在我的大腿上，而且也很不舒服）。我把他帶回他的房間，而且告訴他，他要在房間裡玩到七點——他現在會看他房間裡的時鐘。他想要我跟他一起玩，我親了他一下，然後告訴他，我七點的時候會回來。當我回房間的時候，他也跟著我回來，用頭頂著我的頭，試著要把我從床上拉起來，跟他回房間裡去……我不願意，他就一直這樣，直到我把他帶到門外，關起房門，然後我倒在床上。

　　　我老公，蓋，完全沒有參與，而我也對他相當不高興。

凱特：果然很典型！不過，貝蒂，我沒有辦法忍受和我的小孩一
　　　起上廁所，更不要說坐在我的膝頭上了。我真的認為妳有
　　　安靜上個廁所的權利，妳就該這樣做，麥斯自己會想辦法
　　　的，即使前幾次他可能會很難過，甚至會在門外拍打廁所
　　　的門──這時候叫蓋去照顧他！但是，我可以了解麥斯的
　　　想法──我的意思是，他一定覺得不公平，因為妳肚子裡
　　　的小貝比都不用跟妳分開，他會跟著妳去所有的地方，包
　　　括上廁所。妳覺得這是在這個時候他特別黏著妳的原因
　　　嗎？當我在懷孕的時候，琵帕常常掀起我的洋裝，躲在裡
　　　面要我抱她，好像她想要鑽回肚子裡一樣。

貝蒂：我想妳是對的，只是我沒有力氣一次對付這麼多事情（繼
　　　續討論那天早上的事情）。後來，麥斯開始拍打我房間的
　　　門，而且用很堅定的口氣要求我「現在」就要把門打開。
　　　我起來告訴他，他這樣拍打門讓我很生氣，如果他現在回
　　　到房間自己玩到七點（只剩下十五分鐘），我在七點的時
　　　候就會開門。最後，他回到自己的房間，玩了十分鐘，在
　　　七點整的時候出現在我房門口。我真的是精疲力竭。

對父母的生氣攻擊

貝蒂：我和麥斯有了點爭執之後，我們兩個一起下樓去，爭執的
　　　原因是因為麥斯要求要喝大瓶的牛奶，不過我們之前已經

討論過，他同意只喝小瓶的牛奶，然後留點肚子吃早點。我們去到起居室，他拿著牛奶，我拿著一杯茶。我把他的早餐給了他，並且拿出一些需要縫補的東西。他走過來想要知道我在做什麼，並問我有沒有什麼他可以幫忙的。我告訴他，他可以幫忙剪線，不過我希望他先把早餐吃完，他說好，不過他要把剪刀帶走，拿到桌子上放。我假裝沒有聽到，很快地，他又走回來看他可以剪什麼，我還來不及發現他在做什麼，他已經剪了我正在幫蓋縫補的夾克，我真的很生氣，說真的，這是正常的嗎？

凱特：聽我說，親愛的，當然他是正常的啊！他現在這個時候也很不好過——這個等待的過程很辛苦，他會擔心未來事情會變成怎樣，大概就跟妳一樣呀！我有預感，一旦寶寶出生之後，他就會變得比較穩定一點。至少蓋也受到波及了，我打賭麥斯的想像中，一定不只是把他的夾克剪下一塊而已，相當肯定的是想要把他「去勢」，然後他就不能生小孩了。我想，最好是讓麥斯現在把他的怒氣和敵意發在你們兩人身上，而不是之後去欺負寶寶。

貝蒂：謝了！這讓我鬆了一口氣，我想妳是對的，不

貼心小叮嚀

在家庭生活即將產生變化的時候，不僅是年紀較大的手足會有難過的感覺，父母也會有罪惡感，感覺好像背叛了現在的孩子呢……。

過，我真的想念那個曾經是如何惹人憐愛的兒子。你知道
嗎？有一天，麥斯用很大人的口吻說他覺得很傷心，因為
他那親切的媽嗎不見了，現在他只能看到一個一點也不友
善的媽媽。他問我知不知道那個親切的媽媽去哪裡？我告
訴他，那個媽媽跟可愛的麥斯在一起，當這個可愛的麥斯
回來的時候，那個親切的媽媽也會一起回來。

在家庭生活即將產生變化的時候，不僅是年紀較大的手足會
有難過的感覺——父母也會覺得有罪惡感，感覺好像背叛了現在
的孩子，也有可能害怕被拒絕或被排擠。在新生兒出生前，這樣
的感受可能會從家庭成員的其中之一傳達給其他人。

釋放感受

貝蒂：嗯！我還沒講完……然後我就上樓去跟蓋說這件事情，他
　　　下樓來告訴麥斯，他聽說了麥斯對夾克所做的事情，而且
　　　他相當生氣（那是件舊夾克，其實也不是很重要的）。他
　　　問麥斯，那自己是不是也可以剪破一些他的衣服，麥斯大
　　　聲地抗議說不行！當我準備好要送他去托兒所的時候，我
　　　卻發現他在樓下閒晃著，看起來心情很好的樣子，讓我覺
　　　得很疲累。

凱特：我在想這是不是證實了我之前說的，麥斯需要在你們兩個
　　　身上，釋放一些他自己的感受。一旦他把你們惹毛了，而

且讓你們了解到他的生氣感覺，他就看起來精神好多了。

貝蒂：是啊，或許吧，老實說，他可能早就要被我掐死了！後
來，我叫他來穿鞋子，而且提醒他要把早餐吃完。他說
他吃飽了，我就算了，不想再把飲食要均衡這檔事牽扯進
來。我們走去開車之前，他和爸爸說再見，蓋又說了一次
他對於夾克的事情感到很生氣，麥斯說：「對不起，我下
次不會了！」（雖然我們不太相信），然後又加了一句
說，他有時候可能會剪破小偷的衣服（很多時候他會把現
實生活和故事／幻想的世界搞混）。

凱特：嗯……他似乎需要有人來當「壞人」。把他生活裡的這些
混亂怪罪於某個人身上，而且他利用想像的方式來表現出
他的感覺。琵帕常常說要把我銬上手銬，送進監獄裡去，
所以我想這是相當基本的害怕。

貝蒂：嗯……麥斯現在這時候很清楚地表達，他對我的期望很
低，他前幾天還說，他要把我「炒魷魚」了（笑）。

到托兒所

貝蒂：在車子上，我告訴麥斯，因為我今天很難過和生氣，所以
到了托兒所之後，不會像之前一樣留下來跟他玩拼圖，他
有點抱怨，不過好像接受這件事情。當我們到了學校以
後，他仍然綁著安全帶坐在位子上，有點悶悶不樂的。
我打開車門，這讓他很生氣，又用力地把門關上，最後他

自己開了車門，下車後他用他的毛衣打我，且拒絕做任何我叫他做的事情，走到教室的一路上，一直踢我。我告訴他，我無法忍受他這樣的行為，如果他再繼續下去，我把他送到教室後就會馬上離開，一分鐘都不會留下來。我說我會親他一下，抱他一下，然後我就要走了。他抓著我拜託我留下來跟他玩拼圖，我提醒他為什麼我今天沒有心情做這件事情，告訴他現在是他最後一個機會親我一下。他屈服了，且走到窗戶旁邊跟我揮手。就這樣把他留下來，我覺得有點難過，因為他看起來是這樣的小和脆弱，不過我覺得這樣無止盡的談判真的很耗費氣力。

凱特：很好笑，不是嗎？前一分鐘他們覺得自己可以掌管一切，而下一分鐘似乎是如此的需要妳。妳認為麥斯不願意做任何妳告訴他的事情，是不是跟妳的「不願意」留下來跟他玩拼圖有關？我猜他實際上可能很擔心，擔心在他這樣地攻擊妳和打妳之後，妳還會不會來托兒所把他接回去，還是會把他留在那裡。這可能就是為什麼他不想讓妳走的原因。如果妳把托兒所和家裡分開，不要把在家裡的行為帶到學校去，我很好奇這樣一來會發生什麼結果——我想麥斯在學校可能真的需要妳，還有妳的安撫。當羅伯出生的時候，琵帕堅持要帶一支玩具手機去學校，以防萬一我沒有去學校接她，她就可以打電話提醒我。

貝蒂：我必須要說這有道理。也許麥斯感覺到我非常渴望要跟他

分開一下，學校說他在學校表現還不錯，所以很顯然地，他在托兒所，繼續做那個好的「麥斯」，而把那個壞的留在家裡。

孩子的情慾感受

貝蒂：凱特，我很好奇這個年紀的小孩會不會有「情慾的感受」呀？因為麥斯似乎發展出很多的「愛」——他說了很多有關於學校一個小女生，蘿絲瑪莉，她有著「搖晃著」的頭髮（長髮），他喜歡Hi-5的節目主持人，查莉（很漂亮，有著親切的臉龐和一頭金色的長髮），他甚至把他的洋娃娃取名叫作查莉。

凱特：嗯……這一點也不驚訝啊，妳也有類似的髮型啊，妳看不出來嗎？他很崇拜妳的。

貝蒂：是啦……這也有點可能，他會對我非常關心，過來撫摸我的頭髮和很熱情地親我。不過，聽我說，有一天早上麥斯告訴我，查莉是「最漂亮的」——我回答他「我想要當最漂亮的」——麥斯停頓了一下，想了想，然後說：「那妳當最可愛的」—— 考慮所有的因素（頭沒洗，年紀大等），我覺得這樣的提議還挺不賴的！妳覺得即使在這個年紀，小孩會有情慾上的感受嗎？

凱特：是啊，我認為有。妳不記得在麥斯還是小嬰兒的時候，妳在幫他換尿布時看到他勃起嗎？因為之前我養的是個女

生，當我照顧我的姪子羅傑的時候，發生這件事情讓我記得非常清楚。

貝蒂：妳現在提到這個，讓我想起去年夏天度假時發生的一件好笑的事情。我們和蓋的姪子侄女們在一個戶外游泳池消磨一整天——孩子們穿著道具服在游泳池旁邊跑來跑去，玩得相當愉快——麥斯特別和一個十歲的女生潔絲，有一段很快樂的時光，潔絲試著想要教麥斯游泳。之後，麥斯不停地告訴我，他非常喜歡潔絲，我問他是喜歡潔絲的什麼地方，他的答案是「她的胸部和屁股」！我必須承認，我有點驚訝。我是在一個對女性生殖器相當禁忌的環境下長大的，當然對於直呼這樣的名稱也不行——所以我試著對麥斯在身體方面採取開放的態度，不過我很好奇他應該這樣想著女生的身體嗎？還是我只是過度解讀這件事情？

凱特：我們不能否認我們所看到和聽到的，不是嗎？這聽起來很肯定的是他把對於美麗媽媽的愛意，和對這些有著「搖晃」頭髮的可愛女生的吸引混合在一起，對三歲小孩而言，這就像強烈的雞尾酒一樣。至少有人沒發現妳眼睛下面的眼袋。

貝蒂：嗯……我們就要舉辦他的生日派對了，我很好奇他會不會要我邀請蘿絲瑪莉來參加，他已經邀請了社區裡半數的鄰居，甚至包括我們的牙醫。我想他覺得這是一個重要的機會，能讓他列入大家心目中的好人名單中，尤其是那個牙

醫（他上次去看牙醫的時候沒有表現的很讚）。

對家長而言，要承認孩子經歷到的這些情慾感受，且這些可以從嬰兒時期被撫摸或聞到熟悉氣味時的感官刺激所引起的，是很困難的。常常可以看到男娃娃在換尿布或洗澡時會有勃起的現象，或是女娃娃會摩擦外陰部。然而，這樣的狀況引發的重點不一定是生殖器本身，而是可以藉由嘴巴或口部動作，或是一般身體活動所引起的興奮感。

邀請所有人和有關生日派對上各式各樣的事物都是有趣的，因為當新生兒的誕生日逐漸迫近時，在他心中被排擠的議題的優先順序是相當高的。麥斯似乎可以認同那些被遺漏的人們，且堅持要將他們包含進來。而這也是個大好機會，可以和那些他覺得難以相處的人修復他們之間的關係，或是讓那些他覺得有點害怕的人（例如：牙醫）變得可愛。

幾個星期之後……

生日派對

凱特：我很抱歉我們沒辦法參加麥斯的生日派對，琵帕的水痘還沒有完全消去。快告訴我生日派對怎麼樣？

貝蒂：嗯……我們之前就警告過麥斯，如果寶寶決定要早點出來，我們可能要另外選一個「很近」的日子來舉辦他的生日派對……幸運地，這件事情並沒有發生，而且我們在

準備的時候的確很快樂，不過，至於開派對的那天，說實話，真的有點可怕。

凱特：準備太多了？

貝蒂：大概吧！混亂是從禮物開始的，麥斯建議把收到的禮物堆在一起，等到派對結束後再來拆（他在某處看到的）。我說我想馬上拆禮物應該會比較刺激有趣，而且可以跟送禮的人道謝，麥斯也同意了。我現在很後悔做了這樣的決定。他的第一個禮物是一組電動牙刷。

凱特：我猜他應該很喜歡吧？

貝蒂：他很喜歡下一個禮物，手槍和皮套，然後他開始和他的朋友相互追逐，射擊所有他們看到的東西。在他們橫衝直撞的當中，他托兒所裡的最文靜的女同學之一來了，他們兩個差點撞在一起。這個女生哭了起來，並緊抓著她媽媽的衣服不放，不肯讓媽媽離開。另外一個小孩也在哭，因為麥斯和他的「同夥」強迫他扮演「壞人」，並威脅說要把他關進監獄裡。麥斯以為道格拉斯要把他的新槍帶回家，所以拉著他的頭髮……你可以想像那個場

> **貼心小叮嚀**
>
> 任何不屬於孩子規律日常生活中的活動，無論是有趣的，或是刺激興奮的，都有可能對他們產生破壞性的影響。請用較多時間來準備，例如假日出遊、去動物園或是參加派對，這樣的活動成功完美結束的機會比較大。

景嗎？

凱特：妳不用再多說了，想像的出來。

貝蒂：最後一個小孩抵達了，我們坐下來玩「傳遞包裹」的遊戲，不過孩子們看起來有點悶悶不樂。我開始覺得這個氣氛跟我想像中的不太一樣。我大概對於禮物有點太小氣了。後來我們玩了尋寶遊戲，花了點時間跑來跑去，後來我覺得應該是吃東西的時候了，但是，麥斯淚眼汪汪地看著我，不肯加入大家。最後，他還是跟大家一起坐在桌邊，不過沒有吃什麼，還一直來找我，要我抱他。

凱特：聽起來他可能覺得興奮的感覺太過於強烈，而且大概對太多小朋友想要玩他的玩具有點嚇到了。我在想，那天他會不會對要和其他人分享特別的敏感，因為寶寶可能會在他生日的這天出生，而搶去了他的鋒頭——想像一下，要和新生兒一起分享他的生日。

貝蒂：這有道理，因為分享絕對是一個問題。壓死駱駝的那最後一根稻草是蛋糕，我把大家叫進來，但麥斯說他不想跟大家一起吃蛋糕，他擔心其他小朋友會吹熄他蛋糕上的蠟燭，我說了一些安慰他的話，忽略了他的要求。生日蛋糕可是我充滿愛心親手做的，是個藏寶箱的造型，我可不是花時間熬夜來裝飾蛋糕，而讓它來被大家忽略的。我們點了蠟燭，一起唱生日快樂歌，不過麥斯抱怨他沒有想要大家唱這首歌。感謝老天爺，這時候慢慢地開始有家長出現

　　來把孩子接走。麥斯在和大家道別的時候倒是表現的很好
　　（就好像他等不及大家快點離開），而且堅持要自己把氣
　　球送給每一個小孩。當賓客逐漸散去的時候，他活躍了起
　　來，很滿足地和最後一個離開的孩子玩了起來，至少比我
　　原本以為的要好，是個比較快樂的結局。妳現在有沒有很
　　高興還好妳沒來？

凱特：聽起來，對你們所有人來說都是很辛苦的。我猜，麥斯發
　　　現分享是很困難的。我在想，是否當所有人都在唱生日快
　　　樂歌的時候，麥斯會覺得大家想要把他的生日佔為己有。
　　　我記得，在琵帕去年的生日派對上，有個客人吹了她蛋糕
　　　上的蠟燭，她為此感到相當的絕望。妳覺得，會不會是因
　　　為有個新生兒即將要進入他的生活，這件事情讓他對「生
　　　日」特別的敏感？畢竟，當他年紀越長的時候，他就會留
　　　更多的空間給新生的寶寶了。我預期再過一年，他們都會
　　　長大許多，到時候你的日子就會好過一點。

　　任何不屬於孩子規律的日常生活中的活動，無論是有趣
的，或是刺激興奮的，都有可能對他們產生破壞性的影響。用較
多時間來準備，可以讓這些活動成功完美結束的機率大大增加，
例如假日出遊，去動物園或是參加派對。但對這些場合的過多準
備和期待，有時候也會讓活動本身黯然失色，如果有太多必須要
選擇的誘惑，孩子可能會無法招架，而且變得很容易生氣，難以

相處。處在人群之中，或是擠上一列擁擠的列車，可能都會嚇壞
孩子，這時，他們需要感覺到安全，而這個安全感來自於大人有
自信地知道往哪裡走，且完全掌控眼前的狀況。

新生兒的誕生

凱特：恭喜！妳也有一個女兒了，一兒一女。麥斯還好嗎？

貝蒂：我必須要說，比我們想像的要好的多。他對妹妹感到相當
的驕傲，前幾天他告訴我他一直都想要一個小孩的——就
好像他相信自己是孩子的父親一樣。他用一種大人般愉快
且親密的方式跟妹妹說：「小親親，妳真是可愛呀……妳
真的是呢……」而且樂於判斷妹妹是不是累了、餓了或只
是需要她大哥哥給她一個擁抱。不過，他有時候還是會對
我生氣，但是，很幸運地，蓋會多花一點時間陪他。我敢
說，當他回去上班之後，事情會變得困難一些……無論如
何，還需要幾個月的時間，妹妹才會有能力破壞麥斯的樂
高模型。

凱特：聽起來寶寶生下來後，麥斯放鬆許多，儘管他對懷孕的過
程並不是那樣的熱衷。當羅伯出生的時候，我們有點故意
特別熱情地對待琵帕，給她一個「寶寶送的禮物」——一
個讓她放在自己房間裡的錄放音機，這還蠻有效的。對
了，我寄了兩個禮物給妳，一個是給寶寶，喬，一個是給
麥斯的——他的是一件T恤，上面寫著「我現在是大哥哥

了！」希望他會喜歡。

貝蒂：謝謝，聽起來很棒，因為他喜歡當「大哥哥」的感覺，而
　　　且把喬和自己看成一組。他告訴我，他和喬是一起在我的
　　　「肚子」裡的，而他們有個協議，同意由麥斯先出來。有
　　　一天，他來跟我說，他對某件事情的看法是對的，是因為
　　　當他和喬一起在我的「肚子」裡的時候，喬告訴他的。我
　　　猜他們兩個長大後會變成可怕的同夥。

凱特：我想，我們在這個世界上都需要夥伴，真的很高興跟妳
　　　講電話，我得要先掛了，再見！

Danivu，莊瓊花攝影

第四章

處理憤怒

每個人都會生氣，

但當孩子每次都用尖叫、大聲哭鬧和用力踢打來達成他的目的，

或吸引大人的注意時，父母就必須思考一下原因何在。

如何引導孩子用較理想的方式發洩怒氣，是父母應該要學習的。

所以該對孩子說「不」時，就該勇敢地說出。

賄賂與威脅是父母常用的管教方式，這樣的方式沒有問題嗎？

你贊成打小孩嗎？

本章從孩子的觀點和心理層面來探討這類的議題，

並提供省思的空間。

藉由玩遊戲來攻擊和發洩憤怒

為了生存，我們需要表現出某種程度的攻擊性。適度的攻擊性是性格特質和果決的象徵，可以讓孩子或大人在這世界上有自信地勇往直前。至於太多的武裝或敵意可能會讓你失去控制則是另外一回事，這無論對在托兒所遊戲場裡的小孩，或是在酒吧裡的大人都一樣。小孩會對他們世界裡最重要的人物感到憤怒敵視，例如自己的父母，或長大點後，對老師或朋友，而且可能會想像要傷害或殺害這些讓他感到生氣的人。孩子的想像力越是豐富，他們就會變得非常害怕怪物，或是其他可怕的生物，害怕這些會出現或從背後攻擊自己，尤其在晚上獨自一人的時候。有時候，孩子無法控制自己攻擊性的衝動，他們會咬人、踢人或是打其他的小朋友。透過大人的協助，假以時日，他們會利用遊戲的方式來表達，並且最後可以說出自己的感受。孩子會利用想像的武器，利用樹枝或竹筷子做的玩具槍、玩具劍、玩具動物，或手邊任何可以利用的東西在遊戲當中表達出這些感覺。

貼心
小叮嚀

> 適度的攻擊性是性格特質和果決的象徵，會讓孩子或大人在這世界上充滿自信地勇往直前。

馬克在妹妹璐西的旁邊玩著，璐西背對著哥哥跟媽媽一起建造一座城堡。馬克撿起一個玩具恐龍，把恐龍的嘴巴開開合合地製造出聲響，並拿著玩具恐龍「咬住」妹妹

璐西的裙子後擺。媽媽告訴他
小心不要弄傷妹妹，叫他跟玩
具玩就好了。馬克拿出農場玩
具裡所有的小豬仔，和一隻肚
子裡裝著袋鼠寶寶的袋鼠媽

媽。他用鱷魚咬住每一隻動物玩具，一個接著一個，把它們從桌
子上甩到地上，並宣告這些動物都「死掉了」。最後「死掉」的
是那隻袋鼠寶寶，鱷魚把它從袋鼠媽媽的肚子裡咬出來，咯吱咯
吱地用力咬了好幾次，然後把它丟到地上和其他「死掉」的動物
玩具在一起。媽媽看著這一切，偶爾說出：「這些可憐的動物，
它們的日子真的不太好過。」

　　有一次，馬克在真的會傷到妹妹之前即時地被阻止了，他的
確在遊戲中表達出對妹妹的攻擊性感受。儘管對於馬克在遊戲中
的暴力程度感到相當的震驚，但媽媽並沒有過度反應，或是叫他
停止，反而對他的遊戲內容感到有興趣。藉由這個機會，在一個
安全無慮的環境下，從遊戲中表達出他們的想像，孩子對其他人
所造成的傷害就會較少。

　　在吃晚餐的時候，馬克看來較緩和冷靜了，他問爸媽：「鱷
魚晚餐是吃草的嗎？我想他們是吃草的。」他心裡應該知道鱷魚
是吃肉的（甚至是會吃人的），不過這個想法對他而言，實在是
太可怕了，會令他想到白天時自己的遊戲內容，所以他藉由把鱷
魚變成吃素的來緩和所有的事情。

暴衝的小孩

有時候孩子會變得過於具有攻擊性，攻擊自己的父母、破壞玩具和傷害其他的小朋友。家長可能會覺得他們的三歲孩子不受自己的控制，在這樣的情況下，他們也許會尋求專業人士的幫助，例如提供擁有五歲以下孩童家庭的專業服務。當我們遇到這樣的家庭時，通常會發現這樣的問題已經存在許久。如果，基於某種原因，母親是相當消沉或為其他問題所困擾著的話，她可能就無法像一般媽媽一樣，用常理來考慮孩子的需求變化，並在寶寶需要的時候陪伴他們。有些孩子總是緊張不安或難以滿足，因此很難照顧。這樣困難的關係有時候會導致孩子「超級獨立」，發展出某些生理上的技能，藉此可以不需要他人的協助。他們可能也會養成尖叫、大聲哭鬧或用力踢打的習慣，來吸引媽媽的注意力或讓媽媽了解他們想要什麼。要是孩子認為必須要引起緊張不安的騷動，才能讓大人注意到自己的需求的話，這個吸引注意力的行為可能會持續到學步期。有人可能會認為這樣的狀況會是孩童過動或造成攻擊行為的原因。

家長不太可能總是可以自己解決這些困難，會尋求當地兒童心理診所的協助，例如潘錫克的爸媽開始擔心兒子對母親的攻擊行為時，便前往這樣的機構進行諮詢。

> **貼心小叮嚀**
>
> 有時候「超級獨立」的孩子，背後隱藏著的是緊張不安或難以滿足。

有些孩子會用尖叫、大聲哭鬧和用力踢打來引起父母的注意；大人要思考一下，孩子為什麼要用這種方式才能吸引你的目光呢？

潘錫克的生命從一開始就面臨困境，他的外婆在他媽媽懷孕期間，因病去世，而生產過程也相當辛苦，再加上媽媽親自餵母乳的時候，他也不太適應。而來自親戚的支持也相當有限，因為他們住在距離較遠的地方。潘錫克的媽媽想念著自己的母親，而在孩子出生的前幾個月內十分難過和沮喪。媽媽發現自己無法忍受兒子的哭鬧，並搬到另一個房間去，讓孩子長時間的哭喊。父母兩人在如何處理這樣的狀況上有不同的意見，且常常因此而爭吵。潘錫克在生理上的成長相當快速，八個月便會走路，事實上，他總是看起來相當的忙碌，且很少需要他人的幫助，兩歲之前，便會自己穿衣服和吃飯。他像爸爸一樣，對摩托車相當地著迷，穿著父親哈雷造型的機車皮大衣在家裡昂首闊步地走來走去，就好像他已經武裝好準備克服所有的危險。

只要媽媽設下任何的限制，潘錫克便會發怒和踢打她，而當他越常這樣做，媽媽就更覺得自己是個失敗的母親。她對朋友透露，唯有當潘錫克生病或睡著的時候，她才能享受跟兒子共處的時刻，因為孩子會擁抱著她，這時候才會覺得兒子是需要自己的。看來潘錫克處理早期的擔心和失望的方式，是放棄自己在嬰兒時期的需求，且發展出一個強硬且恃強欺弱的外表。

他很善於防禦失望的感受，決心不要流露出自己的需要。既然父母親在如何管教兒子上無法互相支持，他便覺得沒有人可以阻止他做任何自己想要做的事情。這可能讓他覺得沒有安全感，導致在家裡的行為更加放肆，因為唯有不停地忙碌著才能讓他消除自己的焦慮。他也開始殘酷地對待家中新飼養的小狗，逮到任何機會就踢牠，或許這個小狗代表了潘錫克心中的小嬰孩。在這時候，他對蒼蠅和蜜蜂的恐懼感逐漸增加，嗡嗡叫的聲音會讓他急忙地躲回屋子裡。這樣的恐懼是否與他對母親的攻擊有所關係？或許潘錫克想像自己的攻擊行為曾經造成一些傷害，傷害了媽媽和她未出世的嬰兒。現在他擔心他們全都在自己的耳邊嗡嗡叫，等著報復的機會。

和這個家庭合作，一起思考潘錫克焦慮的意義為何，以及身為家長的，要如何一起合作讓孩子覺得更被接納。

每一個人都會生氣

雖然「可怕的兩歲孩童」有很多值得討論的，不過在孩子三歲生日的時候，並沒有一個神奇的轉捩點，尤其是當他們變得會表達自己豐富的情緒時，無論是興奮、恐懼或暴怒。每一個人都會生氣，在孩子的發展過程中，學習如何表達憤怒的情緒是相當重要的。小孩可以很快地對憤怒感到無法招架，例如父母拒絕他

們的要求，或停止一個活動，他們不見得每次都能夠用言語表達自己的感受。而他們唯一可以做的，就是利用踢打、咬、尖叫、吐口水等行為來擺脫這樣的感覺，就好像在每次的踢打或尖叫當中，就可以把這個難受的感覺趕走。

　　有時候，孩子在擁擠的超級市場或鞋店裡發脾氣，父母會感到尷尬和羞愧，尤其是當他們失去冷靜和對著孩子吼回去，甚至打了他們時。這時候，小孩可能會想像自己的憤怒是極為強大和危險的，而且可以造成實際上的破壞，例如，讓父母或手足感到挫折所引起的傷害。很重要的是，要讓孩子知道他們生氣的時候雖然會覺得自己是很危險的，但事實上並不是這樣的，他們的憤怒也不一定會讓大人難以掌控。孩子潛意識的目的可能只是要讓父母感受到自己正在經歷的那種生氣的感覺，因此會更用力的踢打和尖叫，直到爸媽發現自己是多麼的生氣。當然，有時候孩子因為太專心地要擺脫生氣的感受，而已經無法聽到，或是聽進去任何人對他說的事情。這時他們可能只需要家長陪伴在旁，理解且承受正在發生的強大感受，或是擁抱著他們，不用多說一語。

　　經歷憤怒，就如同一艘船穿越暴風雨般，會感覺到害怕和危險，但只需要忍耐。對孩子說「不」是親職教養中基本和必要的，對於孩子而言，學習如何應

> **貼心小叮嚀**
>
> 在孩子的發展過程中，學習如何表達憤怒的情緒是相當重要的。不是每次都是靠哭、鬧、尖叫、踢打或搞破壞來發洩怒氣。

付因為父母說「不」所帶來的挫折感受，也是發展過程中相當重要的一課。憂心的家長常常來到診所，表示小孩「不聽話」，並且在遵守父母所設定的限制上有困難，然而，通常我們會發現，這些家長可能來自於規矩甚嚴的家庭，而決定不要讓自己的孩子有相同的經歷。也有擁有「自由自在」童年時期的父母，在小時候僅需要遵守少許的規定，因此會猶豫是否要對孩子設下嚴格的規矩，或要求他們遵守日常生活中的例行作息，或堅持相同的管教方式。

說「不」需要理由嗎？

當父母向孩子說「不」的時候，孩子會讓他們覺得自己是冷酷無情且不講情理的，會因為剝奪了孩子的權利，而有罪惡感和覺得難過，即使心裡明明知曉自己拒絕孩子的行為是有道理的，而且是有一定的必要性，有時候還會擔心這樣讓他們受到挫折，可能會使孩子受到傷害。因此，家長也就很難狠下心來說「不」，而小孩也會感受到父母是不是真的是認真的拒絕，或是限制他們，要是爸媽雙方並不贊同對方的處置方式，孩子也是會感受到的。

有的時候當父母拒絕孩子的要求時，會覺得應該要給一個合理、具有邏輯性的理由，這可能可以讓爸媽體會到對孩子說

「不」和設定限制時，其實並沒有傷害到他們，相反地，清楚的界線可以提供孩子安全感和滿足感。如果他們覺得沒有人可以阻擋，可以為所欲為的時候，反而會變得相當擔憂。這樣會讓孩子有種覺得自己無所不能的錯覺，不過也會讓他們覺得沒有安全感，因為如果父母沒有能力阻止他們，又無法保護自己或家裡不被攻擊，那他們要如何能夠讓孩子能夠安全無慮？這可能導致一個惡性循環，小孩會變得越來越反應過度，不停地測試家長的底限，來知道爸媽最後到底可不可以，或會在什麼時候遏止他們。父母有時會對在遏止孩子時，他們能夠如此快速地冷靜下來，甚至看起來有鬆了一口氣的樣子，而感到驚訝和高興。孩子可以脫下「無所不能的硬漢」外表，表現出自己的小弱點，表達幼小軟弱無助的感受、擔憂和恐懼，知道父母會保護他的安全無慮，而且知道他的極限在哪裡。如果孩子在心煩不高興的時候，可能就不能採用說服解釋，或想要試著去理解的心態，有時候，小孩必須要知道有些事情是不可以的，原因就只是爸媽說「不」！

然而，什麼時候要對孩子說「不」，對父母來說，也是具有挑戰性的。三歲孩子的意志可以是相當堅定的，他們對環境好

貼心小叮嚀

如果孩子在心煩不高興的時候，就不能採用說服解釋，或想要試著理解的心態。有時候，小孩必須要知道有些事情是不可以的，原因就只是爸媽說「不」！

奇，且樂於探索世界，對事物的運作非常地感興趣，尤其是爸媽喜歡使用的物品，如：手機、爸爸的刮鬍刀、媽媽的吹風機，或是筆記型電腦。很多東西看起來都非常吸引孩子去碰觸、放在嘴巴裡嚐嚐看、感受一下，而他們也需要體會到整個世界是個安全、有趣的地方。我們並不想讓孩子因為覺得有太多的危險而感到焦慮，或是打擊他們的決心和熱情，不過，的確需要確保小孩知道周遭環境裡所存在的危險，例如：路上交通、爐子、火焰等。當物品真的有危險或傷害的可能性時，家長的態度是明確的，不過，在日常生活中，爸媽會面對一些「灰色地帶」，此時，就得衡量哪些狀況是需要堅持，而哪些又可以是睜隻眼閉隻眼的。

一致的標準是很重要的，這樣，孩子就會了解界線在哪裡，不過可能還是需要協調轉圜的空間。舉例來說，如果小孩覺得不舒服的時候，可能會需要父母陪在旁邊，想要跟爸媽睡幾個晚上，在這種狀況下，決定什麼時候要讓他回到自己的房間去睡，便是個需要小心處理的任務了，而且不管孩子如何抗議，都要堅持立場。有些家長規定吃飯前不能吃冰淇淋，但如果孩子剛去看病時挨了一針，或願意去車站替非常愛孫子的祖父母送行，這或許就有破例的可能。

一手拿胡蘿蔔，一手拿棒子：賄賂和威脅

　　家長有時候會答應孩子給他們玩具或甜食，只要他們在店裡乖乖的，或是在聚會時保持安靜。然而，在緊急時刻之後給予一個獎賞，和賄賂又有什麼不一樣的地方呢？其中的差異就在於父母是否想要對眼下的狀況保有掌控權，並根據對孩子的了解而做出這樣的決定，還是其實是任由孩子予取予求。如果告訴小孩去看完牙醫，確認他的牙齒都很健康之後，會帶他去吃麥當勞，孩子便會因為有所期待，而幫助他處理這樣的經驗；如果孩子覺得這是自己的決定，而且不管怎樣媽媽都會答應他的要求，他就會覺得自己無所不能，而且可能會發揮這樣的控制方式，要求更多。孩子也可能會看不出，其實媽媽才是那個主導者，即使那可能不是個愉快的經驗，但對他是有好處的。威脅是賄賂的另一面，兩者都會用到「如果你不這樣做，我就會怎樣……」或是「如果你這樣做，我就不怎樣……」的方式，這都是基於掌控權的爭奪，而非考慮到孩子的需求。威脅的方式會讓孩子過於驚恐，而無法把事情做好，甚至會惹出更多的麻煩，他們可能會

貼心
小叮嚀
　　獎賞和賄賂最大的差異是誰握有掌控權，父母掌控比較是獎賞，由孩子掌控可能就變成賄賂了。

因為恐懼而服從，但並非是真的
願意合作。大人很容易就落入一
個陷阱，利用不可能會發生的事
情來威脅孩子，舉例而言，取消
他的生日派對——在事實的考量

上是不太可能的。三歲的孩子有著絕佳的記憶力，而且可能很快
地就會發現其實爸媽所威脅他們的事情其實不會真的發生。具有
暴力性質的威脅會嚇壞孩子，而且會讓孩子變成被迫順從或是表
面變「乖」。

　　威脅要遺棄孩子，或把他送走，會導致與預期相反的結果。
在一個大型教學醫院裡，有個媽媽和她的孩子坐在候診室裡等待
接受X光掃描，她的女兒有點坐不住，先是跟媽媽要她的「故事
書」，之後又要「喝水」，最後在候診室裡的椅子上跳來跳去。
這時候，媽媽說：「如果妳再不停下來，我就要把妳帶到監獄去
關起來。」小女孩聽到後，看起來很害怕且抗拒地說「不要」，
之後便停止在椅子上跳躍，之後的一個半小時都安靜地坐著。

　　如果之後不久，這個小女生還需要到醫院去，她心中會有
「醫院是個可怕的地方」的印象，由於她的「不乖」，而被獨自
留在醫院裡作為懲罰。相同的，家長若因為孩子不乖，而威脅著
要把他們留給保母，或是留在店裡面，之後都有可能會導致問題
發生，尤其是如果之後當要送孩子去托兒所時，因為他們會擔
心，要是自己沒有表現地非常完美，爸媽便會把自己留在那裡。

你同意打小孩嗎？

　　有時，家長會失去控制地動手打孩子，尤其是當他們做了危險的事情時。葛瑞絲的女兒貝絲，趁她不注意的時候跑到車水馬龍的大馬路上，葛瑞絲嚇壞了，她跑過馬路，抓住女兒，狠狠地打了她，且生氣地大聲責備她，但接著自己哭了出來。葛瑞絲因為擔心女兒發生危險而受到驚嚇，而且反應過度並失去了控制。

　　家長管教孩子的方式多有賴於自己小時候成長的經歷，和當時家長對自己的期望。有些父母仍記得小時候被打的恐懼感受，而下定決心不要讓自己的小孩有相同的經驗。但有些家長則覺得，挨揍其實也沒什麼大不了的，因此也會利用相同的方式讓孩子聽話。很多人爭論他們寧願被「狠揍一頓」，因為「之後就不敢再犯」，而不願忍受一段親子之間的對立和相互生氣。看來相較於思考事情引發在情緒上的壓力，忍受一時生理上的痛楚似乎要來得容易許多。

　　既然孩子將爸媽的行為視為仿效的對象，在遇到挫折或感到生氣時，較常挨揍的孩子很有可能地會產生與父母相似的反應。在他們的經驗中，父母不會坐下來和他們談談那些犯錯的行為和事情，他們也不會覺得父母試著想了解這個行為背後所想要傳達的意思。雖然我們常常需要馬上就阻止小孩一些危險或具有傷害性的行為，但不表示事後我們會放棄或是不能夠設身處地的去嘗試了解他們當時的感受或想法。

　　並不建議利用打小孩當作日常的管教方式，孩子的表現良好會是因為害怕，而不是出於因為想要取悅自己喜歡的大人。他們會變得順從、害羞，學著陽奉陰違，以及因為想要反抗而有鬼鬼祟祟的行為，通常會包括將傷害加諸於年紀較小的孩童，來強化自己對於苛刻父母的認同。家長有時候會說：「要是有人咬你，你就咬回來──這樣對方就會知道你的感受，然後就不會再犯了！」但是，用相同的行為報復，無論是打人、踢人或咬人，都會把父母降級為小孩，而且不會去思考孩子犯下這個行為背後的原因。家長只是將孩子的感受硬壓回去，這會讓他們感到更生氣，然而這樣的感覺也是孩子想要急於擺脫的。要停止這個惡性循環，得依賴爸媽去試著了解他們想要傳達的訊息。

　　自從三個星期前，奧斯卡的父親拋棄家庭之後，他和媽媽兩人都承受著生氣及難過的感受。媽媽覺得精疲力竭且易怒煩躁，而奧斯卡漸漸變得無法無天，在家具上跳來跳去，把辦家家酒的玩具一件一件的丟在媽媽身上。最後當媽媽把玩具拿走，奧斯卡發了一頓無法控制的脾氣，衝向她且用力的在她手上咬了一口，媽媽怒不可抑地打了他。憤怒的感覺無法控制地盤旋，在兩人之間來回反彈震盪。這時候，奧斯卡跌落沙發，坐在一團混亂中悲慘的啜泣著，當他哭泣的時

貼心小叮嚀

　　無論是打人、踢人或咬人，都會把父母降級為小孩，而且不會去思考孩子犯下這個行為背後的原因。

候，他的弱小和脆弱讓媽媽的憤怒慢慢地平息下來，她記起奧斯卡還只是個小孩，尤其在這個時刻是更需要自己的，即使他表現出「堅強」的樣子。媽媽把奧斯卡抱在腿上，讓他哭了好一陣子，讓他可以宣洩出已經克制許久的難過悲傷和失落感受。

呂宜蓁，黃玉敏攝影

第五章

找出問題，解決它！

本章中提到有關幼兒尿尿的問題，如亂尿、尿床；

睡眠問題，如不肯去睡覺、怕黑、怕鬼、夜驚；

飲食問題，如挑食、食慾不振、垃圾食物，還有食物與過動的關係。

除了舉了很多真實的案例外，還探討背後的形成原因，

讓父母多面向地去了解孩子。

此時也開始注意到男女的性別差異和性別角色的認同，

父母該抱持什麼樣的態度？

而當家中發生變故時，又該如何處理自己和孩子的傷痛呢？

沒有具體的作法，但有概念式的原則提供父母參考

▎如廁訓練・故意亂尿・尿床

很多三歲的孩子都是乾淨清爽的，不過不時還是會有意外，平時可以完美地完成的活動，偶爾也是會有退化的可能，例如：當有新生兒的時候，不過這也是正常的現象。他們可能會像「小貝比」一樣要求包尿布，或是尿床，最好不要太大驚小怪，因為過不了多久，他們就會像以前一樣地使用廁所。有些家長會開玩笑地說，如果自己的小孩可以跑去拿尿布回來，就表示他們已經大到可以自己上廁所了。還有可能會有一段時間，會常常在家裡聽到「來幫我擦屁股」的喊叫聲。

任何生活中例行活動的改變，例如去度假、和父母的短暫分離，搬家或是染上重感冒，都有可能弄髒自己或尿床，這樣的狀況可能會持續到他適應新環境為止。好幾個星期以來，三歲的亞當因為晚上由阿姨照顧，而且一直在進行自行如廁的訓練。所以當阿姨出現的時候，亞當打招呼地說：「你好，大便！」並且哈哈大笑，接下來的五分鐘裡，他一直不停地提到「大便」的字眼和不停地笑。媽媽和阿姨討論之後，覺得這可能是因為亞當對在外留宿覺得有點不安，且可能不知道自己是否可以像在家裡一樣自己去上廁所，他似乎在測試阿姨是否可以接受他的大便字眼，和他如果不小心「大便」了的狀況。

當快要去遊樂場或去托兒所時，尚未訓練孩子完成自行如廁的家長會擔心被拒絕入學，因為很多托兒所都要求小孩可以自

己去上廁所。不過，最好還是別給孩子太大的壓力，試著保持輕鬆，並且盡量地鼓勵他們。當孩子處在太大的壓力下時，他們可能會過於擔心保持清潔這件事情，而在畫圖或玩沙的時候害怕把自己的衣服弄髒。孩子可能會因為害怕弄髒衣服或弄亂頭髮，所以消極地在旁邊觀察他人，而不願意主動加入。

　　如果一個孩子原本是乾淨清爽，卻開始變得骯髒和邋遢，這當中可能有不為人知的原因，通常可能是某種焦慮，需要時間來發掘。孩子可能對要表現出自己是個勇敢的大女生，可以讓媽媽把她留在托兒所裡而感到壓力很大，當要睡覺，由於放鬆了這樣的緊張狀態時，她的擔憂便會和尿液一起流了出來。她的父母可能正經歷婚姻中的辛苦階段，孩子可能在家裡聽到比平常更多的爭吵。他們可能吸取了這樣的緊張氣氛，而無論是白天或晚上，尿床就是應對這種壓力的一種反應。有時候，家長認為讓小孩接受諮詢服務是會有幫助的，專家可以協助父母找出孩子行為變化背後的隱藏原因。

　　有些孩子可能可以自己去廁所尿尿，不過大便的時候還是需要尿布。這樣的狀況可能有許多不同的原因。他們可能害怕會掉到馬桶裡，或是害怕大便掉入馬桶水中的聲音。這會讓他們覺得好像失去自己身體的一部分，而且討厭馬桶沖水的噪音。尿布的合身感覺會讓他們覺得大便仍然還是自己身體的一部分。孩子在大便時也可能會有特殊的模式或行為。史帝芬想要大便時，會要求包尿布，而且跑到爸爸的書房裡，翻著自己的一本作業簿。他

尿床是幼兒對
壓力的一種反應。

大概需要讓自己覺得自己的上半身是個「大人」，而去忘記下半身正在進行著一個「像嬰兒」般的行為。對家長來說，大便可以是一個珍貴的寶藏或禮物，當孩子在馬桶或便桶裡投入東西時，爸媽總是顯得相當高興。由於這個時期的孩子，對於自己的身體構造和所製造出來的廢棄物都感到相當有興趣，在他們的想像裡，糞便和尿液有著神奇的魔力。例如，孩子會想像他們的糞便是個強力的武器，可以拿來轟炸敵人。強尼坐在自己的小馬桶上大便的時候，會發出和他在玩士兵遊戲時一樣的聲音，「乒，乒，咻，蹦」，展現出自己的「撲通」（他對於大便的稱呼）是個多麼危險的武器。

尿液也是視為糟蹋的一種方式，或是破壞的事物，孩子會故意尿在地毯上、爸媽的床上，或其他的家具上，來表示他們生氣的抗議。

馬雯的媽媽要離開家幾天，爸媽已經跟她解釋過她最好的朋友的媽媽會去托兒所接她，照顧她到晚上爸爸來接她回家，爸爸也答應週末帶她去動物園玩作為獎賞。當媽媽要出門的前一天，馬雯在客廳裡看天線寶寶的影片時，看到媽媽的行李袋半開著放在地上，她把行李袋打開，把所有的東西都拉出來，並在袋子裡尿尿，她高興地大喊著：「我在尿尿。」媽媽進來發現了這個破壞的場面。馬雯讓媽媽經歷到自己的感受，自己對事情被弄亂和破壞的感受。

需要一個安靜放鬆的反省時刻

　　小孩在一天結束時，需要和他們熟悉的大人一起度過一段時間，好可以用一種輕鬆的方式來「消化」這一天當中的某些事物。他們需要一個機會來回想這一天所發生的事情和活動，但是要以自己的步調來進行，並且需要家長來引導和訓練他們的思緒。但是，這跟在面對訪客（或是在電話中）時的壓力是不同的，例如當父母鼓勵他們「告訴潘妮阿姨，你在動物園裡看到什麼，還有你明天要去哪裡玩」。家長會對孩子在出去玩時所吸收到的事物，感到驚訝；在安靜的時刻與孩子的對話，才往往能發掘他們心中真正的想法。他們可能會對進入「洗車機器」感到興奮和害怕，或他們可能會注意到一隻貓咪跳到屋頂上時，突然問到：「貓咪的小孩在哪裡？」

　　米爾恩的著作，《小熊維尼系列》中描述一個這樣安靜反省的時刻。維尼下午抓著一個氣球飄到一個有蜂窩的樹木旁邊，因為害怕被蜜蜂叮咬，便要求克利斯多福‧羅賓用他手上的長槍射下氣球，但羅賓的第一槍沒瞄準而打到他的朋友。在經歷這個冒險之後，當兩人回到家一起洗澡的時候，羅賓終於有個機會可以反省這件事情，並且和維尼一起討論，證明了一再地和某人訴說著一個冒險故事，最後會變成事實，這不

> **貼心小叮嚀**
>
> 在安靜的時刻與孩子對話，才能慢慢發掘他們心中真正的想法。

僅只是一個回顧的敘述。而是羅賓終於可以說出，當他開槍時，他是多麼地不安，而且擔心會真的傷到維尼。維尼跟羅賓保證，他沒有傷害到自己，他可以安心地去睡覺，並會有一夜好夢。

善用故事書，幫助親子處理情感經驗

　　繪本是個非常好的工具讓家長和孩子能夠安靜地相處，尤其是在疲累的一天之後。在這個階段，甚至是較小的孩子，都會在螢幕前花上一段時間，而這樣的互動方式便變得特別珍貴。兒童故事書用輕鬆的幽默來探討不同的重要主題，而且可以形成討論的重點，並提供深度的娛樂。這些書籍通常看起來都很漂亮，並有著精美的繪圖，有些故事是以簡單的家庭活動為基礎，像莎拉・嘉藍（Sarah Garland）所著的《幫忙洗衣服》（the Doing Washing）或《一起去買菜》（Going Shopping），也有富有想像力地去探討孩子的內心世界：海文・歐瑞（Hiawyn Oran）和繪圖者北村悟（Satoshi Kitamura）所合作的《生氣的亞瑟》（Angry Arthur），就是描述一個孩子想像自己的生氣感受是如此強大到可以摧毀世界。大衛・麥基（David McKee）的《冬冬，等一下》（Not Now Bernard）表現出男主角冬冬徒勞無功地想要引起父母的注意力，最後當自己變成一隻怪獸的時候，爸媽才終於注意到他——圖畫表現出到了這個階段他是多麼的生氣，他又要變成如何的野蠻，才會讓其他人注意到自己。海倫・庫柏（Helen Cooper）的《是小怪獸做的！》（Little Monster

兒童故事書常用輕鬆、幽默方式來探討不同的重要主題，而且可以形成討論的重點，是讓家長和孩子享受安靜的一個很好工具。

Did It!）點出孩子對要把內心的「怪獸」從「好孩子」的個性中踢出去的需要，無論發生什麼壞事，都怪罪給那個「怪獸」。莫利斯‧桑塔克（Maurice Sendak）的《野獸國》（Where the Wild Things Are）把孩子心中的那些「怪獸」和生氣的感覺利用文字表達出來，這些可能都是孩子自己無法用語言描述的。安東尼‧布朗（Anthony Browne）的《大猩猩》（Gorilla）喚起小孩的幻想世界和夢中情境，漢娜的爸爸總是太忙，而沒有時間跟她一起玩，她對爸爸送的大猩猩產生的失望感受，在夢中轉換成歡樂，在夢裡，大猩猩（隱喻漢娜的爸爸）用很多的點心和帶她去探險來取悅自己。在這故事中並沒有提到媽媽的角色，結束的時候，是漢娜和爸爸在草地上一起跳舞，暗喻著一個小女孩心目中希望自己在爸爸的生命中有著特殊的地位。

很多繪本描述小孩在日常生活中的難題：瑪莉‧狄克森（Mary Dickinson）的《艾力克斯的新衣》（New Clothes for Alex）描寫艾力克斯長大後會買和小時候一模一樣的衣服，只是尺寸較大。這個故事探討孩子對於相同事物的喜好：小孩常常堅持要穿自己特別喜愛的服飾，一直到破損到不能穿為止。佩特‧哈金森（Pat Hutchins）的《小帝奇》（You'll Soon Grow into Them, Titch）著重於孩子在家庭中的地位；帝奇，家中最小

的孩子，接收所有哥哥姊姊穿不下的舊衣物。艾瑞‧卡爾（Eric Carle）的《壞脾氣的瓢蟲》（The bad-tempered Ladybird）描述一個愛虛張聲勢的瓢蟲，老是愛挑釁比他大或比他強的動物。艾瑞‧卡爾的《頑皮變色龍》（The Mixed-up Chameleon）和《你想跟我做朋友嗎？》（Do you want to be my friend？）都著重在孩子的自我認同和對友誼的焦慮上。艾倫‧安博（Allan Ahlberg）所著（繪圖：Andre Amstutz）的《泡沫太太的洗衣工作》（Mrs Lather's Laundry）描繪孩子參與父母親的工作，描述手法相當幽默，但並沒有取笑大人的意味。艾瑞‧卡爾的《好餓的毛毛蟲》（The Very Hungry Caterpillar）則是利用小孩容易理解的敘述手法，來闡述毛毛蟲蛻變成蝴蝶的複雜概念，並且傳達描述一星期中計算日子的方式。

　　童謠書籍，除了可以讓孩子背誦之外，也可以讓他們有參與感（唱出下一段詞句），也是培養閱讀習慣的一個好工具。例如，昆丁‧布萊克（Quentin Blake）的《大家一起來！》（All Join In）和珍娜‧安博（Janet Ahlberg）及艾倫‧安博的《桃子、李子和梅子》。很多書都著重在某些特定的主題，如食欲減低（微微安‧法藍曲〔Vivian French〕的《奧利佛的蔬菜》〔Oliver's Vegetables〕）、如廁訓練（東尼‧羅斯〔Tony Ross〕的《我要我的馬桶》〔I Want my Potty！〕）、友誼關係（山姆‧麥布萊尼〔Sam McBratney〕的《我不是你的好朋友》〔I'm Not Your Friend〕）、就寢時間（馬丁‧瓦道〔Martin Waddell〕

所著，Barbara Firth繪圖的《小熊，你睡不著嗎？》〔Can't You Sleep, Little Bear'?〕）。長久以來，童話故事一直都受到孩童的喜愛，雖然有些可能對他們來說會太過於可怕。

最後，對已經忙碌照顧孩子一整天的家長來說，故事書可能正是他們所需要的，而且可以讓孩子認同自己的父母：吉兒‧莫非（Jill Murphy）長期以來受到大家所喜愛的《讓我安靜五分鐘》（Five Minutes' Peace），便是描述大象媽媽微不足道的願望，希望能夠在洗澡的時候，享受五分鐘安靜的時光。

幼兒為什麼會
睡不好睡不著呢？

就寢儀式

小孩們需要一些儀式，來讓他們覺得凡事都在控制之下，尤其是就寢的時候。它讓家長仍然可以在最不尋常的狀況下，嚴格執行就寢的儀式；同時這也會讓孩子在陌生的環境下，得到一種規範上的熟悉感。邦妮的父親總是在她要睡覺前唱某一首歌來哄她睡覺，並且會敲打床邊作為結束。在前往

貼心
小叮嚀

幼兒們需要一些儀式，來讓他們覺得凡事都在控制之下。

法國度假的路上，有一天邦妮和家人必須和另外兩個人一起共用一個臥鋪，儘管有點尷尬，但父親仍然唱歌哄她睡覺，並且邊帶伴奏地結束這個就寢儀式。

父母夜裡的小訪客

我之前討論過孩子對父母的伊底帕斯情結，和這樣的狀況會如何地影響到他們的睡眠。孩子對於爸媽的親密關係有著混合的情緒，並且不會乖乖地「上床睡覺」，好讓父母可以一起享受夜晚時光。他們可能會在晚上閒晃到客廳，或是半夜醒來「檢查」爸媽在做什麼，爬上父母的床睡覺，除非爸媽堅持趕他們回自己的房間去。家長可能有時候太過於疲累，而放棄與孩子爭執這件事情，然後便和他們擠在一起，不舒服地度過一晚。或是玩起「大風吹」的遊戲，父母其中的一位離開自己的房間，去睡在孩子的空床上。

多數的孩子在晚上會有固定的睡眠模式，而三歲的小孩可能在白天會有睡午覺的習慣。有些天生需要的睡眠就較少，但仍有著旺盛的活動力。可以確定的是，到了十六歲的時候，你的孩子便會在週末時睡到中午，這時候就會掙扎於要如何叫醒他們。

該睡覺時就不要依依不捨了

很多孩子會經歷睡眠被打斷的時期，常常是因為尿床，其背後的原因通常是心理因素，特別是當孩子有所擔憂的時候，就

是要和家長分離的時候。晚上通常
是孩子感覺比較脆弱的時候，白天
忙碌的跑來跑去，和充滿冒險的生
活，到了晚間，他們會變得像嬰兒
般地需要幫助。人們會說「掉入睡

眠之中」（Falling asleep），其實不是沒有道理的，因為一個人
的確是要掉入「睡眠」之中，才會睡著的，這樣的狀況表示孩子
必須要放手，與和熟悉的事物分開。這就是為什麼就寢儀式相當
的重要，因為這是一個轉換且正式的形式，讓家長和孩子在一天
結束後，能夠彼此分離。

　　家長常常描述孩子的就寢時刻會出現兩難的情形，一會兒要
「再親一下」，或是說要喝水，很明顯地對放下父母去睡覺是件
相當困難的事情。黑暗會突然地變成很不友善和令人恐懼的，以
某個角度擺放的椅子可能看起來像個人，在孩子可以放鬆和去睡
覺前，各式各樣的檢查和重新安排可能是必要的。表現出善意，
但態度要堅定，通常最後都可以達到想要的效果，雖然有時候會
因為生病、放假，或搬家的時候，讓規律的生活作息有所中斷，
但假以時日，孩子還是會習慣的。

老是替別人擔心

　　如果家長覺得焦慮、難過或心神不寧，甚至想著有趣的家庭
聚會，孩子都會感受到，並且在晚間變得更為脆弱。當媽媽返回

貼心
小叮嚀
　　　幼兒白天過於
興奮或憂慮，都會
讓他不好入睡或太
早醒來。

工作崗位，或是需要增加工作時數的時
候，他們通常會在晚上醒來比較多次。
換保母，或是托兒所的老師有所變動，
也會讓孩子較不安穩。如果他們在睡覺
前能夠有機會和大人討論今天白天所發
生的事情，晚上發生睡不好的可能性就會較低。讓他們心神不寧
的事情可能會一起出現，可以說出自己害怕、擔心或覺得高興的
事物。孩子可能會在放假、過生日或過耶誕節的前幾天，便開始
感到興奮，而無法入睡或太早醒來。

對夜晚的恐懼：怕黑、怕鬼、怕怪物……

　　孩子通常會怕黑，而且會想像熟悉的事物變成可怕的巫婆、
大野狼或鬼魅。他們可能會半夜來到父母的房間裡尋求安慰。雖
然家長可能覺得把一個飽受驚嚇的孩子送回自己的房間裡去，是
件殘忍的事情，要是爸媽每次就讓他們留在自己的床上，孩子可
能會開始相信父母可以分擔自己對夜晚的恐懼，也會覺得自己一
個人睡在床上是不安全的，而且外面真的有恐怖的生物。孩子需
要大人正視他們的害怕，但也必須要知道外面沒有恐怖的生物，
因此晚上也不需要大人的保護。

做惡夢了

　　小孩在大約兩歲的時候，會開始了解到晚上睡覺的時候會做

夢，而且偶爾會在醒來之後表示自己做了一個夢。他們可能無法詳細地描述夢境，因為可能僅是印象與影像的混合，而非連續性的事件。更常發生的狀況是，孩子因為做惡夢而尖叫地醒來。他們會覺得惡夢裡的夢境是「真實」的，需要有人來給予安撫，並把自己帶離房間。有時，孩子會告訴父母惡夢的內容，並且不願意再回到自己的房間睡。如果小孩在白天特別的興奮，晚上就有可能會做惡夢，把白天興奮的活動內容轉化成前來復仇的人物、怪獸或是電視節目裡的「壞人」。

當媽媽把比利從前院叫進屋裡去洗澡的時候，他非常的生氣，大喊著：「我恨你！」還把自己的威靈頓靴子朝媽媽的方向丟去。洗完澡後，比利看了《三隻小豬》的卡通影片。那天晚上，他醒來尖叫著：「救命，大野狼要咬我！」他夢中的大野狼正要闖進屋子裡。在對媽媽的敵對行為之後，即使是在自己的「磚造水泥房子」裡，比利也不覺得安全。

如果孩子做惡夢，家長需要注意他們所看的影片和電視節目，這些可能會讓他們驚慌，即使是已標示適合孩童觀賞的類型。我們不能假設孩子在感到害怕時，會關掉電視，或跑出房間。他們有時可能會這樣做，但有時候，孩子會克服自己的恐懼

貼心小叮嚀
如果孩子做惡夢，家長需要注意他們所看的影片和電視節目，這些可能會讓他們驚慌，即使是已標示適合孩童觀賞的類型。

繼續看下去，且一而再，再而三地看續集，就好像他們已經習慣了一樣。他們會呆若木雞的坐著，不過如果你仔細地觀察，他們會握緊拳頭，因為害怕而無法動彈，但還會繼續看下去，直到痛苦結束為止。我們不可能完全保護孩子遠離所有的恐怖畫面，而且也無法預測什麼樣的景象會讓孩子感到恐懼，即使是有些節目標榜著是適合幼童的，例如：默劇和布偶劇，也有可能是太過火的。要是過於驚嚇，他們未來可能會拒絕到劇院，因此，最好是可以事前檢視孩子所看的節目內容的相關細節。

孩童從電視或廣播節目裡所吸收到的資訊，遠超過我們能夠想像的。很多家長驚恐地看著電視上播的關於九一一事件的相關節目時，孩子也在附近玩，父母描述自己是多麼的訝異，發現孩子開始將恐怖的景象展現在遊戲裡面，例如建造一座磚頭的高塔，然後尖叫地推垮它。很多孩子做惡夢的原因，是因為在電視上所看到的畫面。

若孩子曾經有過創傷，如：車禍、火災，或是其他的災難，也會因此做惡夢，夢境中會重現這些創傷的場景。此時，家長就需要諮詢專業的意見，以便提供對孩童最好的協助。

夜驚

有時孩子惡夢中的恐怖人物會轉化投射到日常生活中所熟悉和親近的人身上，他們便會開始對這些人感到害怕。會夜驚的孩子便會醒來，不過仍處於恍惚的狀態下，並且需要一點時間後問

題才會浮現。

　　在一天辛苦的車程之後，蓋兒和父母抵達海邊的拖車露營地。這是她第一次搭乘露營拖車旅行，她頑固地拒絕跟媽媽進去拖車上的小浴室裡刷牙，

貼心小叮嚀

有時孩子惡夢中的恐怖人物會轉化，並投射到日常生活中所熟悉和親近的人身上，他們因而開始對這些人感到害怕。

最後，媽媽失去了耐心，對著她大吼大叫，後來，母女倆一起坐下來讀一本新的故事書，由海倫·尼柯（Helen Nicoll）和楊·平考斯基（Jan Pienkowski）所著的《巫婆梅格煮雞蛋》（Meg's Eggs），書中描寫一個大恐龍寶寶孵化一顆巨大的蛋。晚上的時候，蓋兒的父母被她害怕的尖叫聲所驚醒，她醒來坐在床上，但似乎認不出爸媽來，媽媽遞給她一杯水，但蓋兒卻推開媽媽的手，把杯子丟到房間的另一邊去，而且只要媽媽靠近她，她就會害怕地尖叫。爸媽覺得她可能生病了，希望天亮的時候，蓋兒就會恢復了。

　　然而，到了早上的時候，蓋兒似乎還是很恍惚，而且害怕地看著媽媽，好像她是個巫婆一樣。只有爸爸能夠接近她，於是爸爸便帶她去海邊散步，突然間，蓋兒開口說：「媽咪……恐龍……寶寶……」這讓爸爸猜想到是什麼造成她夜驚的原因了。因為一整天長途的旅行，和對不熟悉環境的陌生感，造成蓋兒晚上睡不安穩，而她和媽媽一起讀的那個故事書，書裡的巫婆（Meg）生了一個「怪物寶寶」（恐龍），似乎和蓋兒自己的困

難有所連結，「怪物」的行為，和媽媽「像巫婆一樣」的吼叫，都剛好發生在她去睡覺之前。因此這些似乎混在一起，形成一個可怕的混合物，也就造成蓋兒的「夜驚」。她似乎被困在自己的惡夢當中，因此媽媽看來就真的像是那個「壞巫婆」。

食物與情感之間的聯繫

食慾不振和飲食擔憂

　　與早期經驗有關，對許多人而言，關於食物和飲食的議題，總是會引起很強烈的情緒感受。孩子這種對於食物的關係，與早期媽媽餵食的經驗有很親密的關係。要是母子關係有個好的開始，從親餵母乳，或使用奶瓶，以及斷奶到吃固體食物的過程是很平順的，到了孩子三歲的時候，他們會有自己喜歡的食物，但仍然好奇地嘗試其他的食物。

可是事情不見得都是這樣的，飲食困難通常都建立在情緒的基礎上：有些嬰兒可能還沒適應失去母親的乳房或奶瓶，特別是如果斷奶的過程太過於短暫。孩子可能會因為不想脫離早期餵食階段，而偏好嬰兒食

貼心
小叮嚀

假設母子關係是從好的開始，從親餵，或使用奶瓶，以及斷奶到吃固體食物的過程是很平順，到了孩子三歲的時候，就會有自己喜歡的食物，也會好奇地嘗試其他的食物。

品，如：牛奶或軟優格，而拒絕吃需要咀嚼，或是塊狀的食物。

　　有些孩子可能會覺得等待餵食是一件很困難的事情，而拒絕母親親餵，而且很小就會學習如何自己拿著奶瓶。這樣的孩子可能不會讓自己吃任何嬰兒食品，而會偏好吃可以自己用手拿的食物類型。我們可以了解，當孩子拒絕媽媽精心準備的食物時，會是多麼地讓人傷心，不過這通常僅是一個短暫的階段而已。在某些特殊的案例中，孩子會完全拒絕吃家裡煮的食物，只吃包裝食物，或是罐頭食物。這個狀況可能顯露出，這對母子之間有著某些隱藏的情緒困難，可以尋求家庭兒童專家的諮詢協助。

　　有些孩童會擔心（通常是潛意識的）使用自己的牙齒來咬碎堅硬的食物，因為他們通常會希望透過使用牙齒來傷害或攻擊其他人。牙齒是孩子第一個發展出來的武器，咬人行為也托兒所裡常有的抱怨之一，通常在這個過渡時期的小孩，也會暫時對固體食物失去興趣。

　　孩童的飲食過量也是個隱憂，這也可能是從母親親餵或奶瓶餵食的早期經驗所引起的。或許當孩子哭鬧時，在沒有任何人來了解導致這個行為的原因之前，就理所當然地先塞給他一瓶奶，因此，給予孩子食物，不僅是因為他肚子餓了，也有可能是在需要讓孩子安靜下來，或是要安撫他的時候。這樣子，無論是當小孩覺得有點孤單、害怕，或是內心空虛的時候，就會想要吃東西。在托兒所裡，這樣的孩童通常都會被認為是「貪心的」，可能需要他人的幫助才能解決他不同的需求，或是理解其實還有很

多不同的方式，可以獲得安撫和滿足。

　　絕大多數的孩子會喜歡某些種類的食物，雖然我們可能不認為那些食物是營養的。在訓練自行如廁，日常規律生活作息有所改變時，特殊的事件或是與父母的分離，都會對孩子的飲食造成影響。瑪莉在家總是把食物吃的精光，可是當她開始在托兒所裡上全天班時，她幾乎一點東西都不肯吃，甚至在剛開始，連續兩天，只要她和其他八個小朋友一起坐在桌子旁邊，她就會有嘔吐的現象。就好像她生理性地想要擺脫難過的感受經驗。瑪莉媽媽和托兒所的老師懷疑，可能瑪莉覺得在托兒所的吃飯時間太難以忍受了，因為這個時候，她會想念只有自己和媽媽單獨在一起的親密時光。於是家長決定讓她恢復只唸半天班，觀察情況是否有好轉，當瑪莉開始喜歡和她坐在一起的同學時，她便可以好好面對在托兒所裡的吃飯時間。

挑食

　　雖然你的三歲孩子可能已經有很明確的愛好，但繼續地提供不同種類的食物，和一些（有限度的）選擇讓他們嘗試，仍是有所幫助的，因為小孩的喜好有時是很難預測的。他們可能現在很喜歡吃玉米和蛋糕，但突然可能就會決定要嘗試其他的，並表現出非常喜愛這項食物。蘇斯（Seuss）博士所著的《火腿

貼心小叮嚀

藉由鼓勵和獎賞，幫助孩子去嘗試新食物。

加綠蛋》（Green Eggs and Ham），裡面便是描寫鼓勵山姆「試試看，試試看，你就有可能會愛上它」，描繪出有些孩子不敢嘗試某些食物，但最後還是可以藉由獎賞鼓勵而接受。

垃圾食物

因為擔心孩子的牙齒、肥胖問題和過動傾向，越來越多的家長對於孩子所吃下去的「垃圾食物」感到擔憂。飲食的模式是在幼年時期就養成的，若是孩子習慣於健康的飲食，長大後面對肥胖和健康問題的可能性會較小。家長通常會較愛護第一個或是獨生子女，讓他們飲用巧克力飲品或是甜的飲料，但要是家中有年紀較大的手足，到三歲的時候，孩子一定有相當多的機會嘗試絕大多數種類的垃圾食物。而密集的食物廣告通常會讓家長在限制孩子的飲食上倍感困難，尤其是這些食物通常都含有較多的鹽分、脂肪和糖分。

這時候便是家長練習在何時，以及如何對孩子說「不」的最好時機，因為當他們想要多吃一片巧克力餅乾時，如果父母其中一位拒絕時，孩子通常會狡猾地向另外一位要求。爸媽很快地就會發現，雖然可以管控孩子在家

> **貼心小叮嚀**
>
> 若是因為健康（如糖尿病）或宗教因素，而必須要限制飲食時，請家長事先告知朋友或是老師，以確保大人們知道該給孩子什麼樣的食物，或是提供其他的選擇。

裡，或甚至是帶他們出門時所吃的食物，但要是也想要嚴格控制孩子和其他人在一起時的飲食，則是相當困難的。舉例而言，到朋友家吃午餐，在餐前朋友想要請孩子吃冰淇淋，若是要孩子拒絕，會讓他們處於很尷尬的情況裡，要是孩子接受了，他們會覺得自己欺騙了爸媽，或是戰勝父母和他們所訂下的規則。

若是因為健康（如：糖尿病）或宗教因素，而必須要限制飲食時，家長通常會事先告知朋友或是老師，以確保大人們知道該給孩子什麼樣的食物，或是提供其他的選擇，這樣一來，當他們身處於可以自己選擇食物的朋友之中，就不用承受著需要自我控制的壓力。

是食物造成孩子的過動嗎？

很多家長認為食物裡的食用色素，糖分和咖啡因，與孩子的過動（或急躁）行為有所關係，而想要減少這類食物的攝取量。可能有些根據，要是家長認為飲食是造成孩子坐立不安，或是無法專心的唯一原因，可能會沒有注意到一些跡象，一些孩子所正在經歷的困擾情緒，或是無法從容自在的徵兆。

▌性別差異與性別角色

很多家長表示，自從有了小孩之後，他們更相信基因對孩

子在表達性別角色上有著很大的影響，甚至大於他們之前所認知的。父母可能好意地盡量提供一樣的遊戲環境，或是不刻意把社會期望的角色加諸於孩子身上，會讓兒子玩洋娃娃，讓女兒玩刀劍玩具，但就算是男女生都玩著一樣的玩具，若是不加以干涉的話，所有的男生還是會選擇汽車和摩托車，刀劍和槍械；女生會去玩辦家家酒和洋娃娃。男孩會打扮成海盜和牛仔，國王和王子，而女孩會穿著仙女、公主和皇后的妝扮。雖然這只是大致上的概況，而且在年紀小時較容易發現。這也有可能是因為男生在生理上大肌肉運動技巧發展的較早，如跑跳和踢，之後才會發展精細動作技巧，如使用剪刀，精確地畫畫或著色。隨著時間，孩子會根據自己的氣質，會在遊戲裡找到抒發的出口。當孩子逐漸進入外面世界時（或甚至是看電視），我們是無法完全地逃避某些形式的社會壓力，然而，了解到每個人，無論性別，都有「男性化」和「女性化」的一面，似乎是很重要的。如果勸阻男生玩洋娃娃或辦家家酒，只因為這些是「女生」的遊戲；或是阻止女生拿著刀劍打鬧，只因為這些是「男生」的遊戲，會讓孩子覺得很丟臉。當小男孩穿著媽媽的高

貼心小叮嚀
「基因」對孩子在表達性別角色上有很大的影響。

貼心小叮嚀
我們要了解，每個人都有「男性化」和「女性化」的一面，只是程度多寡而已。

跟鞋和提著皮包，或是小女孩穿著爸爸的夾克的時候，有些家長會擔心孩子是不是對自己的性別角色認同感到疑惑，而希望成為另一個性別的人。其實，這是不太可能的，孩子們會嘗試不同的性別角色，試著擴展自己的經驗，或是未來的發展可能。如果孩子感受到家長的焦慮，他們可能就會認為這是個禁忌，而秘密地進行。如果這個早期探索發展成變裝癖，家長便該尋求專業的協助了。

當難過的事情來臨時

多數的孩子都必須要多多少少地處理一些難過的事件，對有些小孩，家人（或自己）生病，分居或離婚，或是親人的逝世，會是正常生活之外的創傷經驗。如果可以的話，事先幫孩子了解事情進行的程序，是會有幫助的，例如，先帶他去參觀即將要去住的醫院病房，以及利用簡單的玩具告知會發生哪些事件，順序又是怎麼樣。

要告訴孩子壞消息嗎？什麼時候說？要說多少？

小孩對時間的感受並不確實，太早就告訴他們有關不愉快的事情，或是困難的狀況，會引起不必要的焦慮。在告訴孩子之前，大人需要先消化和吸收這個壞消息，否則，他們自己的難

**貼心
小叮嚀**

在告訴孩子壞消息之前，大人需要先消化和吸收這個壞消息，否則會將自己的難過和擔心波及到孩子身上。

過和擔心的感受便會波及到孩子身上，而讓他們覺得痛苦傷心。小孩需要得知離婚、生病和死亡的事實，但不需要知道血腥殘酷或不必要的細節部分，這些會讓他們提心吊膽和害怕。但如果沒有告訴他們實際狀況，或是因為害怕而沒有去醫院探望生病的爸媽，則會讓他們難過傷心，他們會花更多時間自我想像，最後甚至可能會幻想出一個更可怕的情況。

Danivu，莊瓊花攝影

第六章

好棒，上托兒所了

這階段幼兒最重要的一件大事是要上學了。

這是幼兒離開家中到外面去探索世界，接受團體生活挑戰的開始，

還記得小孩第一天上學的情景嗎？

每個小孩的反應都不一樣，

有的哭得聲嘶力竭，害家長尤其是媽媽也是淚眼盈眶；

有的孩子則是很酷地跑開，連再見都不說，表示他們適應良好嗎？

此章敘述孩子上學所遭遇的種種過程與狀況，

與父母分離、同儕之間的競爭合作、爭取老師的關注等，

在在都考驗著父母及三歲幼兒的應變及適應力。

對小孩來說，從家中到托兒所的轉換是一件興奮，卻又充滿挑戰的經驗。在家裡，是他們熟悉的環境，而且多多少少是大家關注的焦點，也有著屬於自己的玩具或物品。在托兒所

裡，他們處在一個全新且興奮的情境下，要和一大群其他小朋友一同分享玩具、設備和老師的注意力。不過也會有很多的代價，像是新的玩具和活動，寬敞的戶外遊戲的空間，以及可能會認識一群全然不同的孩子，並和他們一起遊戲。但這也會讓孩子感到害怕，不是每個小朋友都是友善的，當事情進行地不順利時，或在一天當中某個安靜的時刻，例如：吃飯時間或睡午覺的時候，他們可能會想念起自己的父母。

　　絕大多數的托兒所會有幾個星期的緩慢適應期，讓孩子在父母離開之前，可以習慣學校裡的老師和環境，家長會慢慢地減少留在托兒所裡陪伴孩子的時間，直到他們可以自己應付一整天的托兒所生活。小孩通常會喜歡從家裡帶一件特殊的玩具或一些食物到托兒所去，這些物品可以提醒他們在家裡的生活，以及讓自己覺得有安全感。

說再見，很重要

可以預期孩子在跟家長說再見的時候，會覺得難過，但經過協助之後，他們逐漸可以參與托兒所裡的活動，會渴望利用所有得到的新機會。然而，如果孩子哭著且緊黏著媽媽不肯放手的話，分離的時刻就會是相當痛苦的，會覺得這好像是個「生死別離」，自己再也看不到媽媽了。如果孩子在家不乖，他可能會以為媽媽想要遺棄自己。或是孩子會覺得和媽媽在一起的時間老是不夠，她總是要去上班或去買東西，而把自己撇下。此時如果孩子曾經有足夠好的經驗，比方家長來接他們的時候，都能夠好好地處理孩子的分離焦慮；加上托兒所裡能有個主要的工作人員，而且對孩子來說，是很「特別」的一個人，就可以安慰他並幫他度過說再見的時刻，對孩子也是會很有幫助的。

有時候，爸媽會決定要在孩子忙著玩的時候「溜走」，以避免他們難過，這樣的情況會造成的問題是，孩子會突然發現父母沒有說再見便離開了，然後就會開始對他們什麼時候，或甚至到底會不會來接自己回家而感到焦慮。他們可能會無法專心遊戲，不停地觀望著，擔心媽媽無預警地出現，或是消失。

相較於緊黏著家長不放的傷心孩子，有些小孩到了托兒所的第一天起，便是「頭也不回」地跑開，甚至連再見也沒有說，他們就直接轉身離開，然後消失，去騎三輪車，或是忙著畫畫。雖然這看起來好像他們可以很順利地處理分離，但也有可能不是這

處理分離的痛苦和
好好地道別,對小孩而
言是個重要的工作。

樣的。不說再見便離去,可能表示
孩子覺得分離太難以接受,而唯一
的處理方式就是轉身離開,以為是
自己可以掌控這個分離的過程,讓
人感覺是他們撇下父母,而不是父母離開孩子。處理分離的痛苦
和好好地道別,對小孩而言是個重要的工作,而他們需要其他人
的協助來應付這樣的任務。如果孩子發展出一種逃避這類狀況的
行為模式,那麼在他們未來處理情境轉換時也會遭遇困難。

如果能讓孩童知道是誰會帶他們去托兒所,和去接他們回
來,即使不是同一個人,對他們也是有幫助的,孩子對這個大人
越是熟悉,這整個過程就會越簡單,就像就寢時一樣,若有個固
定的儀式,會幫助他們容易適應。芮漢娜和媽媽每天早上在托兒
所分開時,有個固定的形式,在脫下外套,並在圍兜上掛上名牌
後,媽媽會坐在沙發上,選一本故事書,等著芮漢娜爬上她的膝
頭,她們會一起唸故事書直到該離開的時間到,媽媽會說:「再
見!」而芮漢娜會回答:「待會見!」她們會擁抱並親一下,而
芮漢娜會拍拍媽媽的頭。

遊戲幫孩子轉移分離的痛苦

改變和轉換是很痛苦的,但也是成長和發展中必經的重要

過程。當父母不在身邊時，孩子必須在心中有一個地方，是存放著對父母的回憶，來幫助自己應付爸媽不在的狀況。如果，孩童在托兒所裡能有個支持和包容他的老師，他們就可以利用遊戲的方式來表達這些經驗，且慢慢地學習如何利用口語表達自己的感受。這種利用語言的方式，可以幫助孩童發展思考和從經驗與感受中學習的能力。

　　大衛在上托兒所的第一個星期裡，每當媽媽離開至走到門口的這段時間，他便會一直

貼心小叮嚀

當父母不在身邊時，孩子必須在心中有一個地方，是存放著對父母的回憶，來幫助自己應付爸媽不在的狀況。

貼心小叮嚀

如果小孩在托兒所裡能有個支持和包容他的老師，他們就可以利用遊戲的方式來表達分離的感覺，並且學習如何用口語表達心中的感受。

傷心難過地大哭，哭到媽媽離開大樓時也淚眼盈眶，並覺得非常罪惡。老師決定每天早上當媽媽離開時，把大衛帶到旁邊的一個小房間裡，讓他獨處幾分鐘，並給他一些小玩具玩。在老師的陪伴下，大衛開始玩著一隻大象和一隻小象，握住這兩隻象，讓小象的身體可以貼在大象的肚子下，他緊緊地握住不讓它們分開，然後又放手讓兩隻象掉落地上，之後又把它們撿回來放在一起。老師問他在玩什麼，大衛回答：「這是個動物掉下去的遊戲。」

然後轉頭看著窗外，似乎在尋找某人。

　　看來大衛是利用大象媽媽和小象表達出一個情況，一個父母和孩子本來在一起，然後分開，之後又在一起的情景。當老師在場時來處理這樣的問題，可能可以幫助大衛心中存有一個景象，一個媽媽離開後還會回來的情形。一個星期過後，在媽媽離開時，大衛哭泣的情況漸漸減少，最後就能適應這樣的情況。

接受團體生活的挑戰

　　孩子在三歲的時候是喜歡交際，和可以從團體活動和討論中學習的時期。在花園裡玩水，或一起建造「垃圾雕塑」，只要團體不會太大及給予適當的監督，這些活動可以具有刺激及鼓舞的作用。在任何一個團體當中，有些孩子會成為領導者，有些會較受歡迎；可能會有恃強凌弱的行為，有些孩子會成為代罪羔羊，或在融入團體中會有點困難。上托兒所是有趣的，但可能是個壓力。在點心時間，新來的小朋友可能會來不及阻止旁邊的同學偷咬一口自己的餅乾，他可

> **貼心小叮嚀**
>
> 　　家長與托兒所的老師保持持續且固定的聯繫是非常重要的，能了解孩子的適應狀況，相互分享任何事，以防範可能會發生的困難或問題。

能會學著「強勢」一點，當點心發下來的時候，很快地，多拿了兩片餅乾，以確保自己能夠在這個「殘酷」的世界裡，得到該擁有的。但是我們並不希望孩子變得太過習慣於「最強者才得以生存」的想法。

　　家長與托兒所的老師保持持續且固定的聯繫是很重要的，了解孩子的適應狀況，了解和相互分享任何的擔憂，以防範任何可能會發生的困難或問題。有時，父母會聽到孩童談論到被打或被欺負的意外狀況，而會想要直接聯絡對方的家長，當我們和孩子站在同一陣線時，拒絕涉入這樣的狀況是很困難的一件事情，不過有時候當家長們還在爭論時，孩子們可能早就忘記這個事了。

競爭開始

　　在團體討論的時候，三歲的彼得坐在葛瑞旁邊，他們正在討論要種什麼樣的植物，老師問大家，如果家裡有花園的，曾經在自家花園裡看過哪些花草。一個小朋友說：「我家有個很大的花園。」彼得這時說：「我家有個更大的花園，而且我們的花園裡還有瓢蟲。」孩子們就開始大聲地爭論誰家的花園比較大，老師聽大家說了一陣子之後，便開始讀故事書給他們聽。

　　對抗與競爭會在團體中持續著，且孩子處理嫉妒的方式，是

> 貼心
> 小叮嚀
>
> 對抗與競爭會在團體中持續著，孩子處理嫉妒的方式，就是讓其他人來羨慕自己。

讓其他人來羨慕自己，用一種挑撥的方式訴說自己擁有一個特別的玩具，或是即將要去玩的地方。

最愛玩想像遊戲

孩子通常會在團體中玩著想像的遊戲，為了表示勇敢而互相慫恿，或讓每個人因為害怕而顫抖。在團體討論時間過後，葛瑞發現有個男生穿著獅子的衣服，他一邊對著彼得大喊：「天啊！有一隻老虎，我們快走！」一邊衝向房間的另一頭，其他的男生聚集在一起，並開始鼓吹那個穿獅子衣服的孩子發動攻擊，葛瑞大叫著：「老虎要來抓我們了！」並爬到椅子底下躲起來，之後又爬出來說：「快逃離開這隻老虎」，他從玩具箱裡拿出一些長木棍，並給了彼得一些，男生們開始吼叫，並揮舞著手上的「劍」，跺著腳且看起來相當地興奮。葛瑞這時候說：「這些正好拿來殺死老虎。」穿著老虎衣服的小朋友開始向後退，而且看起來有點緊張。這個時候，老師走進來，站在旁邊觀察了一下，準備著如果孩子們太過分時要適時地阻止他們。

從這個情況裡我們可以看出來葛瑞發起了這個遊戲，並試著拉著彼得參與，而其他男孩似乎同時感到驚嚇，並且也渴望攻擊那隻老虎。或許這隻老虎也引發了自己某種好鬥或攻擊性的感受，而讓他們希望藉由殺死老虎來戰勝這樣的感覺。

想暫時逃離團體生活

　　孩子通常都處在健全的情緒當中，隨時準備好接受團體活動的挑戰，但有時候也會覺得壓力太大，而想要逃避一下。托兒所老師，琳，正在教金和湯尼怎麼做一個雪人，紙板做的身體和頭已經剪好了，他們只需要把這些黏在一起，再鋪滿棉花就好了。金熟練有自信地很快地在幾分鐘內就完成了一個雪人，而湯尼看起來很專心，但進行的很緩慢，他小心地把刷子浸入膠水瓶裡，以劃圈圈的方式把膠水塗在紙板上，還不時會抬起頭來查看金的進度，他一次只拿起一片棉花，非常輕柔地黏在紙板上，接下來的幾分鐘裡，他會站在那裡撫摸著柔軟的棉花，並望著遠方。他似乎是在做白日夢，我們不知道是不是柔軟的棉花讓他想起媽媽和家裡，不過他藉由這樣的方式，讓自己暫時遠離這混亂喧鬧的環境。

把老師當作媽咪

　　家長和托兒所老師常常會很訝異的發現孩子很快地就能和某個工作人員相當親近和依賴，他們需要感覺到托兒所裡有一兩個成人是和自己有著親近和特殊的關係，而且是可以向他們求助的，這些大人在小孩的眼中會有點像「媽咪」。孩童可能會突然感到傷心難過，或是不願意去托兒所上學，原因不明，直到後

來爸媽發現，是因為他們最喜歡的老師生病了，或是請假，一切才豁然開朗。如果某人要離開，最好能夠事先讓家長和孩子知道，因為小孩會因為這些重要人物突然無預警地消失而感到擔心害怕。有個道別的儀式，例如歡送派對，或是送一個離別禮物，對於留下的人也是很重要的，這是一個畫上句點的機會，同時也承認了分離和失落的感受。

爭奪老師的注意力

當小孩去上托兒所的時候，最大的挑戰是要和很多的小朋友一起分享為數不多的大人。對孩子而言，就好像自己突然多了二十個兄弟姊妹，而大家一起爭先恐後地想要獲得「媽咪的」（老師的）注意力，絕大多數托兒所老師所描述小孩的「攻擊性」或「暴力」，如推擠、踢打或咬人，都可能緣自於此。孩子可能會覺得需要推開或是踢開競爭的「手足」，確保老師會注意和關心到自己。

在嬰兒時期和學步時期，能夠從體貼的家長身上得到足夠個別一對一關注的孩子，通常會在心中保有一個「好媽咪感覺」，可以幫助他們熬過較長時間地沒有受到關注。他們也比較有能

力與其他人分享，因為與那些小時候沒有獲得足夠個別關注的孩童相比，自己的需求是較少的。而那些仍期望能夠擁有獨享親子時刻的孩子，當然是無法在忙碌的托兒所生

活當中取得的。通常最後這些孩子會被請出教室，遠離那個他們最想要親近的目標——老師，這樣可能會讓他們覺得更難過，引發更糟糕的行為。團體規模越小，合格和體貼的老師所佔的比例越高，對於以上所討論的問題也就越有幫助。

即將進入冒險的四歲

　　和三歲小孩共度的生活是快樂的，同時也是相當筋疲力竭，充滿歡樂和戲劇性的。在這一年接近尾聲之時，孩子會開始進入托兒所，且擁有和朋友的交際生活。他們會在很多方面都能夠自立自強，但仍然需要父母和家人的關心及愛護，尤其是當他們即將進入下一段冒險，四歲。

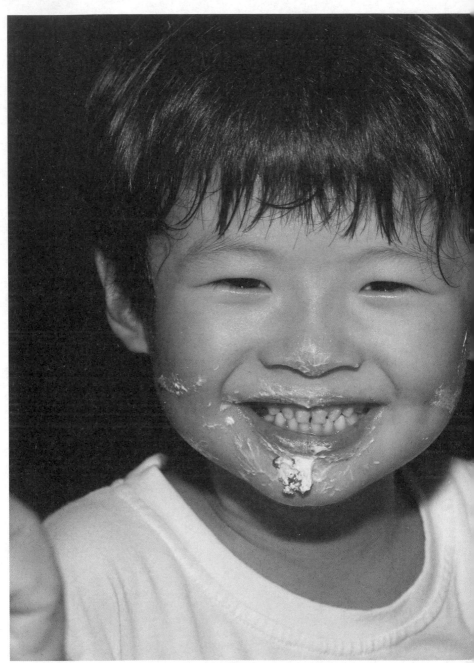

林淵‧林柏偉攝影

——第二篇——

感受力強的小大人
4-5歲幼兒

文／萊絲莉・莫羅尼（Lesley Maroni）

【介紹】

這一篇的目的是試著從四到五歲小孩的角度來描繪他們的生活，這個時期的孩子會逐漸將生活重心由家庭轉移至學校，和家庭以外的寬闊世界。

這個年紀的孩子，主要目標在於關係，尤其是與大人之間的關係。換句話說，人與人是如何相互連接在一起？爸爸和媽媽又是怎樣連結在一起？而我在這當中佔的是什麼樣的位置？為了要能夠和自己做朋友，四到五歲間的孩子必須發展到與雙親其中一位建立獨自的關係，才能夠讓出空間給另外一位，以便形成現在的三角關係。孩子利用這樣的方式發展自我意識，了解自己雖然和父母不同，但仍然是與他們連接在一起。當現實生活中，有的孩子只有一位家長時，孩子便需要更努力接納這個「三人組」的概念，而且會對缺席的那位父或母提出相當多的問題，試著釐清這個謎團。

一個單親媽媽或是單親爸爸，當然會有另外一位父母的特質，如：母親發現自己也會用一種堅定、權威的口吻，而父親也會在需要的時候展現出柔軟的一面。在現今社會，一個由父母親和小孩所組成的家庭，通常會因為分居或離婚而破裂，也有因繼父母親和其所帶來的子女所形成的新家庭。新的家庭中，可能會有新生兒誕生，進而加入同父異母或同母異父的手足，讓這個家庭系統更為擴展，同時也令人困惑。若要全盤考慮到這些變化，

可能需要另外寫一本書來探討，因此在此書之中，我會利用雙親家庭的模式來闡述，因為在某種程度上，這個模式已存在孩子的內心，即使與現實生活中的情況大不相同。

在某些方面，可從這個時期的小孩身上，看到未來在青少年時期可能會發生的情況，如何在持續需要父母的關心和注意，與渴望獨立這兩者之間掙扎地取得平衡。當四至五歲的孩子與同儕建立關係後，便會開始向外探索，但仍希望能夠回頭向母親尋求安全感。

這個年齡層的孩子，最令人感到欣喜的其中一件事情是，他們對於世界無止盡的好奇心，和想要了解自己在當中所佔有位置的冀望。現在是問問題的時期：我從哪裡來的？為什麼……？怎麼會……？等等，甚至有時候到了父母抓狂的程度（同時也測試自己對各種事物的知識和了解）。一個四歲的孩子會在幾個月的時間內，不停地問「但是，為什麼天空是藍色的？」媽媽從剛開始很認真地回答，到最後惱怒地說：「因為就是這樣，沒有為什麼！」然後，孩子會繼續問其他類似的問題，而絕大多數的問題都是沒有答案的，例如：「上帝在哪裡？」

他們也開始能夠同理，換句話說，站在別人的角度替他人著想，並且想像其他人可能會有的感受。這個替別人著想和關心他人感受的能力是孩童發展上一個重要的里程碑。一個小女生在聽到朋友的弟弟不小心把自己鎖在廁所裡，會說：「如果他爸爸不能把門打開，他一定會很害怕。」然而，如果是對兄弟姊妹，能

夠「理解」他人的這個能力，可以讓孩子清楚地知道怎樣可以惹毛手足，什麼事情會讓他們非常生氣。

這個年紀當然也是孩子們經歷生命中第一個主要轉變的時候，在此之前，上幼稚園或是去遊樂場，不是一定必要的，但是現在，上學變成義務。即使許多幼稚園的課程都能平衡地兼顧到唸書和遊戲，但學習這件事情是以更正式的形式來進行的。有些孩子會在與人接觸而感覺不自在時，利用展現自己智力上的能耐來處理當下的焦慮。某些幸運的孩子則會用任何方式盡力發揮。不過，絕大多數是屬於這兩者之間，有時候覺得自己被遺棄或被忽略；有時候則是位於事件的中心位置。孩子們需要學習如何一同分享一位老師的注意力，並學著了解自己並不是那特別且唯一的一個。

友情會變得較為穩定，且較多是建立在經驗的共同分享。就算是在同一所學校從托兒班到幼稚園這樣簡單的轉換過程中，在進入正式的學校時，知道有朋友和自己一樣經歷相同的旅程，對於即將五歲的孩子而言會是很大的幫助。能夠被家庭以外的其他人認識和接受是很重要的，一個簡單的例子便可得知，當孩子抵達遊樂場且看到自己的朋友時，臉上會發散出愉快的光采；若是發現朋友不在，那時便會浮現失望的表情。

這個年紀的孩子都有一個共同特點——在面對這個逐漸擴大的世界時，有想要探索其奧妙的欲望。

第一章

在家中的生活時光

幼兒大部分的時間還是在家中度過。

因此家和家中成員便是他們的生活重心。

媽媽常常會抱怨，兒子只聽爸爸的話，

這結果背後牽扯到父母家中角色的定位、性別認同、

父母孩童時期的經驗感受等，牽扯的層面非常地廣。

除了親子關係之外，手足關係既是競爭又是合作，

本章中舉了一些生動有趣的案例，來描述說明手足間的張力。

此外最常玩的假裝想像遊戲經常在家中上演，

看孩子如何將遊戲與學習結合，發揮更驚人的創造力。

孩子最大的希望就是爸比媽咪能夠了解他並接受他原本的樣子。

讓孩子做他自己。

為什麼學校家中兩個樣？

「看！這個我會！」

四到五歲的孩子，很容易出奇不意地游移在兩種狀態裡，一會兒想要展現自己新學會的技巧和迅速發展出的獨立感；但一會兒又將拇指塞入口中，所有的能力都瞬間消失地退縮回一個較為幼稚的狀態中。四歲九個月的艾里斯帖在每天下午從學校回到家中時便是如此，他會打開家裡的電腦，試著要完成對他而言，其實是太過困難的數學練習程式。當他答對的時候，會高興地大叫：「看！這個我會！」然而，當他無法順利計算出較複雜的加法時，就會說：「我現在好無聊唷！」藉以掩飾自己能力尚嫌不足的事實。之後，便會用力地吸著手指，爬上媽媽的大腿蜷曲著，假裝自己回到一個不需要是「聰明的」，或是「一個大男生」的狀態裡，他可以只是媽咪的小男孩，直到再一次準備好離開去發現新的事物為止。

孩童在這個年紀，過完一整天的學校生活後，通常都已經是精疲力竭，即使只是去幼稚園。當回到家中，他們會變得易怒且難以溝通，家長們發現孩子在外受到稱讚的模範行為，往往和家中的表現卻剛好相反，而感到疑惑。一個試著與愛哭及發大脾氣孩子奮戰的惱火母親，不禁好奇為什麼小孩和自己在一起的時候不能偶爾表現的乖一點呢？但是，只有在家裡，他們才有足夠的安全感，感覺足夠的愛包圍著，才能夠展現出比較負面的情

　　父母只要回憶一下自己當年的樣子，就比較能夠站在孩子的立場去思考他們的問題。

緒。他也許一整天在外都在壓抑住那些難以忍受、覺得自己是渺小和愚笨的感受。這其中還包含母親能夠容忍多少孩子較不令人喜愛的那一面，以及要如何在不報復的情形下堅定地維持界線。孩童很容易激發起父母親自己同樣是在四、五歲時的感受。這是因為無論我們年紀多大，原始的情緒都會引起我們原始的反應。舉例而言，當克莉絲汀四歲的兒子大衛，在不停挑釁自己之後，她很驚訝地發現自己會異於平常地對著孩子用力踩腳和吼叫著：「不可以！不可以！不可以！」完全就像大衛先前時候的行為。

　　父母只要回憶一下自己當年的樣子，對於可以站在孩子的立場思考，是很有幫助的。克莉絲汀仍然記得自己小時候很喜歡和媽媽窩在沙發裡一起讀故事書。於是，她現在也和大衛做同樣的事情，而大衛就像自己當初一樣地喜歡。

父母與孩子之間的微妙關係

「爸爸會很生氣唷！」

　　這個時候是孩子開始把焦點從和父母親密不可分的關係當中，轉移到有時候相當親密的其他關係中，如朋友，或甚至是老

師。四歲的班，有天從學校回到家時跟媽媽說：「我希望可以有兩個媽咪，一個是妳，一個是瑞特老師。」問班為什麼這麼喜歡老師，他害羞小聲地說：「她有時候讀故事書給大家聽時，會讓我坐在她的腿上。」班在剛開始的時候，對於上學這件事情相當焦慮，甚至不願意讓媽媽走出學校的大門。瑞特老師，一個微胖媽媽型的女士，很敏銳地感受到他的困難，提供給班最想念的——像媽媽雙手環繞著自己一樣的感覺。

一般來說，父親會扮演著訂定規則的那一個角色，而讓媽媽來當溫和撫慰的照護者。有的時候，母親覺得要對孩子表現出嚴厲和嚴格的態度是困難的，寧願讓爸爸來展現這些特質。四歲半的保羅，正拿著兩台玩具車對撞，媽媽很和氣有理地請他停下來，且告訴他：「如果你弄壞了玩具，爸爸會很生氣！」坐在一旁的妹妹聽到這些，突然動也不動地趴在地板上。媽媽馬上將注意力轉移到女兒身上，用雙臂將妹妹抱起來，溫柔地關心並說道：「喔！可憐的孩子。」並在她臉上親了一下。此時，保羅又開始玩小汽車，而且用更大的力氣將它們對撞。只有在這個時候，媽媽才能夠在不需要父親的介入之下，一方面感受到自己的內在生氣，另一方面用堅定的語氣告訴保羅停止這樣的遊戲。保羅的確停了下來。保羅的母親顯然比較喜歡扮演傳統的安撫者角色，就像她對待女兒般，但她想辦法在內心裡找到一個堅定的聲音，一種具有說服力且不需要帶有懲罰威脅的方式。最後，保羅停止了這個遊戲，表示他的確被媽媽說服了。

　　生男生的媽媽常常會說：「兒子總是比較聽爸爸的話。」「我不知道為什麼會這樣，不過每次我跟兒子說的時候，他總是不理我，但只要他爸爸開口，他馬上就會跳起來去做。」父親可以幫助孩子，由原先只有和媽媽之間那種「母親—嬰兒」的連結，延伸到另一種包含三個人的不同的關係模式。當一切都很順利時，爸爸也會傳達出清楚的訊息給兒子，讓他知道，無論自己如何幻想，或是如何想盡辦法杵於父母之間，他都無法取代父親，成為母親的伴侶。孩子需要一個父親，或是一個母代父職的角色，來幫助他們探索自己的極限。以下這段描述，是四歲的山米在描述他和爸爸幾天前利用一個紙箱做成的小汽車：

　　山米跑向小汽車，拖著它去找媽媽。媽媽問道：「山米，車子的輪子是誰畫色的啊？」山米回答：「是妳畫的！」媽媽說：「不是我呀！」山米用猜疑的口氣說著：「難道是爸比嗎？」之後，山米笑著說：「不是！是我啦！」媽媽說：「原來是你唷！那方向盤又是誰做的啊？」山米滿心盼望著說：「是我嗎？」媽媽回答：「不是，是……？」「是爸比做的！」山米大聲地回答。然後，用輕輕的聲音說著：「每一個人都需要一個爸比，」他看著媽媽，又很快地補上一句：「還要有一個媽咪！」之後媽媽給了山米一個擁抱。

　　當山米滿心盼望地猜想那小汽車的方向盤是自己做的，他同時展現出想要長大，或可以管控事情的冀望，事實上，如果可

　　讓孩子知道，無論自己如何幻想，或是如何想盡辦法杵於父母之間，他都無法取代父親，成為母親的伴侶。

以掌控汽車的方向盤，就可以像他曾經想像過的那樣，像爸爸開車帶著媽媽出門。然而，從語調中的猶豫不決，顯示出山米對自己是否能夠做到這件事情，也還沒有足夠的信心。當山米記起來

這是爸爸做的，這讓他感到愉悅並喚起一種感激之情，而且能夠理解到他仍然需要一個父親來幫助自己成長。因為這是山米的方式，用以了解自我極限的範圍，他不會因為自己的渺小而覺得羞愧。這也說明了兩個人物，在這個案例中指的是山米和爸爸，聯合一起創造出一些新事物，而這些在四到五歲孩子的世界中是很重要的主題。後續章節會有更多探討。

　　相較於山米，在對父母的掌控度上，對阿曼達而言，要認知到自我的渺小和因其形成的無力感，是不太容易的。她會在爸媽相擁親吻或是有任何親密動作時，想辦法擠進兩人中間，有時候甚至直接地說出「噁心！」有時候則利用比較間接的方式，如讓自己處在危險當中，例如爬到窗台上，或是攀在沙發背上，假裝快要掉下去，好引起父母的注意，讓他們跳起來「解救」自己。阿曼達成為對父母嫉妒的極端案例，部分原因來自幾個月前弟弟的出生。對她而言，爸媽親吻的動作表示會產生新生兒，這是必須極力避免的，無論任何代價。阿曼達很痛苦地承受著父母這對伴侶個別所帶給自己的感受，一方面是引起了想與母親競爭父親

的敵意感受，另一方面是媽媽和
剛出生的小寶寶的關係，這個關
係讓自己失去了母親的關注。她
似乎在訴說著：「那我現在要怎
麼辦？」

　　有很多小孩像阿曼達一樣，
總是覺得自己的兄弟跟自己比起來，會和媽媽形成更好的伴侶關
係，當然，這只是他們的想像。男孩和女孩都需要清楚地界限，
以便適度提醒自己是個小孩的身分。小女孩在父親在的時候會變
得嫵媚，就像四歲的愛蜜莉一樣。在某個媽媽不在家、由父親來
照顧她的日子裡，她跟爸爸說：「爸比，爸比！你看！你看！你
看我會做什麼！你看我會倒立用手走路。你看，我會劈腿！」父
親稱讚地回應愛蜜莉，並且建議當母親回來時，再表演一次給媽
媽看。這個提醒了愛蜜莉，父親和母親兩者同時存在，他們可以
一同分享孩子在發展上的成就所得到的喜悅，也確認了，自己在
潛意識裡（有時候愛蜜莉並不是有意識地思考著，但的確存在於
她的內心深處）想像可以擺脫媽媽，而獨自擁有父親的那個幻想
是永遠不會成真的。

　　有些孩童一直相信自己有掌控父母行為的能力，雖然可能只
是心中虛幻的期望，而非堅實的信念。五歲的奧莉薇雅，是家中
的獨生女，在玩著洋娃娃時宣布：「我爸爸希望媽咪有另外一個
小寶寶，但這是不可能的！」很難得知是否奧莉薇雅真的以為自

己在某種程度上，可以防止父母背叛自己，或者她僅是無法忍受會發生這件事情的可能。已經有五年的時間，家中只有自己一個小孩，愛蜜莉似乎有著一種秘密的感受，覺得自己才是那個比較適合爸爸的伴侶，如果真的有個新生兒要加入，父親會把小寶寶交給她，而不是交給媽媽——看她可以把洋娃娃照顧得很好就知道了！

▎手足間的對抗賽

「他搶我的糖果！我討厭他！」

兄弟姊妹之間可以展現出令人訝異的侵略和敵對感覺，相同地也具有無法置信的忠誠度和友誼。沒有人更能了解如何捉弄對方直到爆發的臨界點。夏綠蒂，即將要六歲的小女生，正和四歲的弟弟陶比，愉快地玩在一起，直到陶比露出詭譎的笑容，轉移夏綠蒂的注意力，以便把姊姊身上背著的糖果袋搶走。夏綠蒂發現的時候，馬上從椅子上跳起來，撲向陶比緊緊拿在手上的糖果袋，但弟弟卻在她的肚子上用力踢了一下，夏綠蒂抱著肚子哭喊著叫爸爸，父親趕到且命令陶比把糖果還給姊姊，弟弟雖然聽話照做，但卻是故意地以緩慢的速度，從袋中拿出一顆糖果，丟進口中之後，才把糖果袋還給夏綠蒂，臉上仍閃爍著挑釁的表情，這又讓姊姊對著弟弟吼叫了一陣。過了一會兒，兩人一起到花園

裡玩，他們一同爬上蹺蹺板，互相比較看誰比較能夠讓對方翹得高。不過，當陶比開始覺得無聊，想要從蹺蹺板上下來的時候，卻讓姊姊失去平衡而跌落在地上，「笨蛋！」夏綠蒂罵了弟弟一聲，在他的手臂上打了一下。陶比推了姊姊一把，以示回敬，然後兩人扭打在一起，用手臂和腳試著扳倒對方。弟弟最後掙脫了，轉身撿起一段竹枝，指著夏綠蒂恐嚇她，姊姊尖叫著說：「陶比，不可以！」然後跑回家中，哭喊著：「媽咪！媽咪！」

在這兩個事件當中，姊弟二人一剛開始是相互合作地玩在一起，直到其中一個做了一件會激怒對方的事情，對立持續加速升溫，直到某個他們好像會真的傷害對方的地步。有趣的是，一剛開始是呼喚父親前來排解糾紛，然而，在事件發展到最後，母親卻成為他們需要的保護者化身。

就讀幼稚園大班的威廉，一直以來在團體中都扮演著領導者的角色，且會毫不遲疑地指使其他小朋友，僅有一天例外，那一天他跌倒了，膝蓋嚴重地受了傷。在等待包紮的時候，威廉說起他的「寶貝妹妹」凱蒂，描述妹妹是多麼地調皮不聽話。其中一個冗長的故事是跟浴室裡壞掉的水龍頭有關。因為水龍

> **貼心小叮嚀**
>
> 孩子必須能夠調適自己去適應一個事實，那便是他不是媽媽生命裡的唯一。他必須要學會和其他人一起分享母親，長大後在學校，則需要和其他小朋友一起分享老師。

貼心 小叮嚀

如果孩子擁有足夠的愛，便會開始理解，和家庭以外的人發展關係是有可能的。

頭壞掉了，所以媽媽需要在水桶裝滿水才能幫他們倆洗澡。凱蒂會不停地踩踏著地面上的水，還「會拉我的頭髮，弄壞我的玩具」。當問及威廉事情發生的時候，他怎麼處理，他輕描淡寫地回答說自己就回到房間裡，以便「遠離妹妹」。或許這就是為什麼威廉在和其他小朋友相處時，會要聲稱自己有主導的權力。顯然地，當他在面對妹妹的「調皮搗蛋」時，是相當不知所措的。同時，威廉也在他受傷且需要媽媽的時刻，表達出自己嫉妒妹妹和生氣妹妹的感受，而且妹妹是那個已經佔據了母親的人。「這不公平！」威廉說道，「妹妹這樣不乖，她為什麼可以跟媽媽在家？我討厭她！」當威廉說話的時候，臉上佈滿了淚痕，還不時哽咽到喘不過氣來。不過，一旦傷口包上繃帶，疼痛的感覺逐漸消失後，他又好像忘記對妹妹的抱怨牢騷，高興地跑開去玩耍了。

像威廉這樣的孩子，只有在回到那個感覺需要母親關愛的階段時，才會喚起他們對弟弟妹妹的嫉妒心，而燃起他們因無法獨自擁有母親而引起的怒火。然而，就像我們看到威廉一樣，一旦孩子準備好再回到五歲時，他就會忘記妹妹，並重拾起對自我的感受，再度感覺到那個充滿好奇並期望探索的自我。凱蒂可以繼續去當那個笨小孩——他是哥哥，可以做到妹妹無法完成的所有事情。

　　柔伊則是一個不一樣的案例，她對妹妹有著相當高漲的負面情緒。從妹妹出生那一刻起，三歲半的柔伊，就嫉妒著她。柔伊一直以來都和媽媽相依為命（因為爸爸派駐於海外的軍事單位），妹妹的誕生對她而言，是一個很大的衝擊，一直以來都還無法適應。然而，柔伊找到一個不需對外表現的方式來處理自己的情緒，取而代之的是在內心存著一個想法，認為自己是那個負責任的好姊姊。利用煽動妹妹瑞秋去做一些調皮搗蛋的事情，然後當媽媽對妹妹生氣的時候，讓自己在旁邊看起來是較為乖巧優越的。舉例來說，十八個月大的瑞秋坐在高腳椅上，自己用湯匙吃飯的時候，當媽媽一離開房間，柔伊就鼓勵妹妹把食物挑出來丟在地上。當媽媽回來時，發現瑞秋正咯咯作笑，地上和牆壁上都灑滿了食物，姊姊則是看起來很生氣地雙臂交叉站在一旁，當媽媽生氣地罵瑞秋的時候，柔伊則說：「媽咪，妹妹是不是太頑皮了？」柔伊在上學的第一年當中，一直還保持著能幹姊姊的姿態，而這也影響到她和其他人做朋友的方式。柔伊發展出一種假象，假裝自己能夠領導其他人，例如：幫所有其他小朋友綁鞋帶，因為她已經在年紀小一點的時候就學會這項技巧。瑞秋可以當那個調皮搗蛋、骯髒不乾淨，且總是惹麻煩的那一個小孩；柔伊則在媽媽身上找到自我認同，上學後，她的對象轉換成學校裡的老師，在一些自己已經會的事物上幫助其他較小的小朋友。柔伊的老師對她的行為相當憂心，反而在看到柔伊沒有這麼能幹的時候，才覺得鬆了一口氣。

在柔伊身上我們可以看到，弟弟妹妹的誕生，會造成相當激烈的幻滅。孩子必須要能夠調適自己，來適應一個事實，那便是自己已經不是媽媽生命裡的唯一。他必須要學會和其他人一起分享這個母親，而長大後在學校，則需要和其他小朋友一起分享一位老師。孩子的心裡總是會懷疑，母親或老師的心中，是否有足夠的空間，或是足夠的關愛，來分給兩個或更多的小孩。在這個發展的重要階段，四到五歲的小孩需要接受媽媽並不是專屬於自己一個人的這個事實，母親還擁有許多其他的關係，包括爸爸、兄弟姊妹和朋友。如果孩子覺得自己擁有足夠的愛，便會開始理解到，和家庭以外的人發展關係是有可能的。然而，還是有些時候，尤其是感覺到焦慮時，孩子會想要回到母親是專屬於自己一個人的狀態下。

想像遊戲帶來心靈的撫慰

「我在假裝世界上只剩下我一個人」

在五歲的時候，孩童們會開始不再以熱情且毫無保留地展現自己對父母的感受，諸如，他們曾經會認真熱情地說出「我長大以後，要跟媽咪結婚」之類的話語。而今，這個階段的孩子對於現實生活中父母的形象則是混雜了從嬰兒時期以來所累積的不同感覺。這會讓他們在內心投射出一種合成形象，一種由一個母親

和一個父親所綜合而成的印象。
然而，這個形象有時候和實際生
活有很大的差異，當孩子在遊戲
當中揭露出這樣的形象時，父母
常常無法辨識出這樣的人物居然
是自己。舉例而言，很多家長會
發現小孩在玩遊戲的時候，常常

會假裝自己是媽媽，但表現出來的卻是一個比真實生活當中更為
嚴厲的母親。

　　從童話故事中，最常描述的內容通常是和邪惡的父母或無
法保護子女的爸媽有關的主題，便可證實，就像在《糖果屋》
（Hansel and Gretel）當中把小孩送走的壞媽媽／繼母，在原始
的版本中，她原是孩子們的親生母親，但可能是因為對家長和孩
子來說，要接受親生媽媽會做出這樣冷酷無情的事情實在太難以
接受，因此，在後續流傳的版本中，便以繼母的身分取而代之。
在《白雪公主》的故事中也是如此，她的父親不夠堅強，無法讓
女兒逃脫繼母的魔掌。這些虛構的可怕家長，因為只存在於書本
當中，因此並不會造成任何的傷害。這可以讓孩子探索自己對內
在的恐懼，包括現實生活或想像中的父母對自己的生氣和不滿，
或是自己對爸媽的怒氣和敵意。沒有人喜歡感受自己內心裡面，
有時候還會對非常關愛的人產生殘忍致命的想法。若孩子越能在
遊戲當中盡情地表達這樣的感受，越可以覺得自己是可以被接受

和安全的。

路易斯四歲,在家裡玩著小火車組,並開始演出《湯瑪士小火車》中的情節。但是故事內容很快就發展到一個和他自己有關的特定事件。路易斯想像一個具有控制慾和掌控慾的父親,因為他不乖而要嚴厲地處罰自己。他把一輛小火車推進隧道當中,然後到紙箱裡找出一些磚頭積木,利用這些磚頭把隧道的入口封起來,路易斯說那個「亨利」因為很不聽話,所以要被關在隧道裡很久、很久的時間。他大聲地驚叫著:「壞亨利!」最後,他讓亨利從隧道中出來,卻撞上另外一台小火車,還把對方撞離了鐵軌,「喔!糟糕了!大總管會說什麼呢?他會非常、非常、非常、非常的生氣,他會把亨利永遠地關在隧道裡!」

看來,路易斯在試著想像自己很頑皮時,就像他故意用一輛火車去撞翻另一輛火車,會發生什麼事情。這件事情很有可能顯現出路易斯想要驅除父親的期望,而且「把他撞離軌道」,這樣自己就可以是媽媽的唯一,但是,這個期望所帶來的後續懲罰的確是很嚴重的。實際上,路易斯是透過遊戲來建立自己的行為模式,包括好的和不好的行為。他能夠使壞到什麼程度,父親才會出面阻止並懲罰自己,就如同遊戲中大總管所扮演的角色一樣。不過,所表達出來的懲罰方式——永遠的放逐——是過於嚴厲的,沒

> **貼心小叮嚀**
>
> 孩子越能表達內心的感受,越會覺得自己是被接受和安全的。

有給予路易斯任何原諒自己的空間，或是改正錯誤的機會。對這個年紀的孩子而言，父母會是高不可攀，有時是令人害怕，而且是具有能力和權威的人物。單只是想像一些爸媽不好的地方，就會讓孩子覺得非常有罪惡感。

　　偶爾深切的盼望能夠擺脫家長中的另一位，以便讓自己擁有更多的空間，也會讓他們覺得罪惡。孩子也會擔心父母死掉，而把自己一個人孤苦無依地遺棄在這個世界上。詹姆士，一個非常焦慮的五歲小孩，對於媽媽的健康狀況極度擔憂。由於他沒有父親，因此沒有人可以扮演保護者的角色。詹姆士的遊戲內容常常反映出這樣的憂慮。有一天，他用了兩張倒置的椅子做了一艘太空船。他爬進太空船，看起來很難過，靜靜地坐在裡面。當另外一位小朋友問詹姆士在做什麼時，他回答道：「我在假裝我媽媽死掉，把我一個人留在這世界上。」

　　孩子遊戲和學習在這個年紀是交錯混合的，在以上所提到的兩個案例當中，我們可以看到如何運用假裝和想像出來的防護式安全，來探索現實生活中的「議題」。亨利才是那個需要被處罰的頑皮鬼，而不是路易斯本人。詹姆士的感受較沒有偽裝，不過仍只有在假裝自己身在太空船當中，他才能表達出他的害怕恐懼，或許這樣一來，如果他的感受變得難以控制的時候，他便可以「升空」離開。

呂宜蓁，黃玉敏攝影

尊重孩子做自己

「我是不一樣的！我是我自己！」

　　很多家長會同意，當孩子出生的時候，與生便俱來某些只屬於他個人的特質。有些是屬於那種大家所說的「容易相處」、個性溫和的娃娃，而有些則是極端相反的，一開始的時候，一整天就只是哭鬧而已。這些會影響到父母如何跟小孩建立關係和了解他們。想當然爾，相較於總是高興愉快地回應你的孩子，要面對一個似乎很難安撫的嬰兒時，的確是相當費力的，甚至會覺得自己很失敗。然而，隨著小孩長大，他的自我認同會改變和持續發展，與父母的關係也會如此，因為每個人都會在變動的家族關係中找到相互適應的方式。還有一部分則取決於這孩子在家中的位置，例如：是否已經有哥哥姊姊，或者自己是老大且底下有許多弟弟妹妹，或家中只有他一個小孩。在四歲這個年紀，很多孩子可能已經經歷了家中有新生寶寶的誕生，他們會如何處理和新成員之間的關係，是取決於兩者之間的年紀差距。四歲的要比兩歲的會面對與新生兒之間的關係，因為這個時候，他已經對自我發展出較清楚的認知。即使如此，要讓媽媽可以全心全意地關注新生寶寶，而期望自己成為一個「大男生」，這對他們而言，仍是相當困難的事情。反而，有時候會想要退縮到較為幼稚的時期。

　　或許就某種程度而言，身為弟弟妹妹的可能較為容易些，因為不需要如此大幅度地調適，畢竟哥哥姊姊從自己出生時就已經

獨生子女通常會認為自己必須對父母的情緒負責，畢竟，沒有其他的兄弟姊妹能夠一起分擔這個重擔。

存在了，而且父母也不是那麼經驗不足，大致上來說，在養育孩子這個部分都有了很大的進步。不過，身為老二也是有困擾的，因為在他之前，總是有一個先來的老大，而且對他們來說，這個人似乎在各項事務上都可以做的比他好。擁有年長手足的問題，還是會被其他的優點好處所遮蓋住，如：哥哥姊姊可以幫助弟弟妹妹在語言上的發展，教導他們如何分享和玩遊戲，有時候則會聯合起來一起對抗爸媽。

在手足之間所共同擁有的情感和關愛，也伴隨著偶一有之的憎恨和敵意。但是，除了在家中這樣安全的環境之下，孩子還能從哪裡學習如何處理對抗和競爭，以及偶爾會發生的厭惡呢？這些經驗扮演了相當重要的角色，建立一個基礎點，讓孩子未來在學校面對必然會發生的對抗時，有能力處理這樣的衝突。

若是沒有兄弟姊妹，當孩子第一次在遊樂園裡遇到等同於手足的其他小朋友時，便會較難處理這樣的感受。他們可能會因為其他小孩所表現出來的強烈和粗曠的感情而震驚，特別是當看到小朋友們前一刻還激烈地爭吵著，下一秒鐘又好像沒事般開心地玩在一起時。

茉莉，五歲的獨生女，為了要「讓媽媽開心」，畫了一幅圖畫，當問到她媽媽是不是因為難過而不開心時，茉莉回答

說：「是啊！媽咪很難過，但如
果我畫一張圖給她，她就會開心
了。」後續的對話中顯示，茉莉
覺得媽媽因為每天要很辛苦地工
作，所以難過，但茉莉認為如果
媽媽回到家的時候，自己可以為她做些事情，就可以讓媽媽開
心，甚至，像她所說的：「再一次讓媽媽哈哈大笑。」就像茉莉
所表現的，獨生子女通常會過度認為自己必須對父母的情緒負
責，畢竟，沒有其他的兄弟姊妹能夠一起分擔這個重擔。

> 貼心
> 小叮嚀
>
> 對孩子而言，承受
> 他人對自己個性上的期
> 望，不管是正面或負
> 面，都是很困難的。

每個孩子都是獨一無二的

　　有時，家長可能只看到某一面，就認為孩子是某種特定的
個性，例如，聰明的、頑皮的、安靜的，或是充滿戲劇化的。對
孩子來說，承受他人對自己在個性上的期望，無論是正面或負面
的，都是很困難的。然而，當他們認為沒有更多的空間可以發展
其他的個性特質時，也有可能就會永遠保留下來。一個已有兩個
孩子的媽媽發現，即使已經成人，無論何時跟自己的妹妹連絡
時，自己便會變得像以前一樣「難以溝通」、「不乖」，而這個
妹妹打從兩歲起，就是大家眼中那個乖巧可愛的。這也同樣發生
在五歲的丹和哥哥艾德之間。丹很明顯地想要讓哥哥成為那個
「不乖」的小孩，所以只要每次發現艾德因為調皮而被媽媽罵的
時候，他都很高興。丹覺得這樣一來自己很乖，而且「媽媽會比

較愛我」。丹因為很害怕自己會變得跟艾德一樣，因此把所有不好的感覺都給了哥哥，這樣一來，他就不需要擁有這些令人不舒服的情緒。這樣的處理方式其實對兩個男孩都不是很健康的，尤其是丹，因為越想要逃避這個生氣的自己，對他而言，要感覺到即使做一個「不乖」的小孩也是可以的，就會更加困難。值得高興的是，像這樣極端的差異是很少見的。

我們之前提到夏綠蒂和陶比，搶糖果袋的這對姊弟，母親對他們在某些智能上有著偏見，反而不是在情緒上。他們的媽媽很清楚所謂「男女大不同」在學業上的差異。也認為陶比的語言發展要比夏綠蒂慢了些。但是，弟弟的專注力較久，對數學也較厲害。令媽媽驚訝的是，陶比卻是那個較讓人想要擁抱和親近的孩子，他會用力地抱著媽媽，彷彿要把他自己嵌進她的身體裡。然而，夏綠蒂則是較有距離感，讓人較難以親近的孩子。他們的媽媽全然接受這兩個孩子的差異性，認為這就是他們個別化和不同的特質。

還有玩玩具小火車的路易斯，他的媽媽在廚房裡生動地描述自己在四歲時的回憶時，我認為她提供了一個很好的結論。這個媽媽還記得自己小時候喜歡假裝是個芭蕾舞者，但是跌倒了，當時她的媽媽抱起她並安撫地說：「妳跟我小時候一樣，絆到什麼都會跌倒。」路易斯媽媽記得自己當時心裡想著卻是：「我才跟妳不一樣呢，我是我自己！」

我需要爸比媽咪了解我的情緒

「我想要自己來」

　　就像嬰兒需要母親（或是主要照護者）來了解他們的情緒狀況，並幫助自己能夠容忍這些感受，四歲的孩童也是如此。即使他們現在具有語言能力，能夠表達自我，也會有自己無法處理情緒，被自己情緒打敗的時候。然而，父母並無法每次都能適當地處理，總是會有出錯的時候，孩子因而覺得沒有人可以了解自己。常常看到四歲的孩子充滿著怒氣，就像不久以前那個還沒長大的兩歲的自己，孩子在面對這樣的失控感時，心中可能感到相當害怕。

　　如果孩子在這樣的狀況下，讓父母知道自己的感受，而且表達對世界的憤怒，這是因為他覺得可以在你面前安心地表達這些困難的情緒，即使行為上他表現的是很激怒人的。這代表著孩子心中仍然確信著一個事實，就是他擁有足夠的關愛，而且爸媽還會繼續愛著自己，不會因為自己的生氣就不愛自己了。他的所作所為將不會傷害一段良好關係的本質。

　　潔蒂四歲，和六歲的姊姊在室內玩著溜滑梯，姊姊在潔蒂正要滑下溜滑梯的時候推了她一下。潔蒂因此尖叫，滑下來後跌倒，然後繼續尖叫、用力哭泣。潔蒂對姊姊的輕輕一推似乎反應過度，媽媽前來了解狀況，剛開始，潔蒂對姊姊非常生氣，氣到連話都講不出來。在確認她沒有受傷後，媽媽開始問一連串的問

題，試著猜測潔蒂為什麼這麼生氣：「是因為……？」「妳剛剛……？」最後，潔蒂終於可以帶著啜泣的口吻說話，清楚敘述事情發生經過：「我不要琳恩推我，我要自己來。」琳恩解釋說，她是希望潔蒂可以溜得快一點。媽媽冷靜地請琳恩說對不起，姊姊也照做了。如果潔蒂沒有覺得媽媽基本上會跟她站在同一陣線，而且會試著幫她找出到底哪裡有問題，她可能會花更多的時間繼續尖叫和哭泣。

在辛苦的一天之後，父母親最不想看到的便是憤怒和挑釁行為，解決的方式有兩種，要不就是孩子會把這些深埋在心裡，這樣就再也不用感受到這些情緒了——大人可以在那些過於有禮貌，或是非常甜言蜜語的孩子身上看到這樣的現象；要不就是孩子會把自己的感受「丟」給其他人，以便擺脫令人挫折的情緒。我們已經看到丹是如何無法想像自己有任何的缺陷，因此將所有的壞事都歸咎給哥哥。這是孩子用來擺脫那些無法承受情緒的一種常用方式。在學校裡常被嘲笑和戲弄的孩子，可能回到家也會對弟弟妹妹做一樣的事情，讓他們擁有早先跟自己一樣在學校裡被捉弄的感受，畢竟現在有其他人去感覺那種無力的渺小感，自己便可以擺脫這種情緒了。

那些把這些感覺深深埋藏在內心深處的孩子，儘管他們盡

貼心小叮嚀

當孩子無法順利地將情緒感受表達給父母時，會採取兩種作法：一深埋心中，一將情緒「丟」給他人，都是別人不好。

了最大的努力不去理會，還是會發現這些情緒從身體裡跑出來。努力讓自己是好小孩，讓哥哥扮演搗蛋鬼的丹，有嚴重的便祕問題，一整天他會不停地放屁，而且味道相當難聞。丹在情感上用力地武裝自己，把其他的情緒都推卸給哥哥艾德，卻在生理上造成影響。他對自己所放的屁感到相當的挫折，因為這個臭味不斷地讓他想到那些無法擺脫的不愉快感覺，即使最後能夠到廁所去解放出來，也是相當痛苦。但不只是身體上的疼痛讓他感到沮喪，丹似乎覺得自己體內有某種具有毀滅性的物體，若讓它跑出來，所有人就會發現他實際上是多麼的不乖，即使爸媽一直向他保證，這是不可能會發生的事情。丹相信當媽媽看到自己體內有這麼可怕的東西的時候，就會停止愛他。此時，丹需要專業人士的協助，來幫助他處理這些非常混雜的感覺。

媽咪，惡夢追著我

在白天，孩子們需要忍耐一些敵對不友善的感受，夢境和惡夢，是他們用來處理這些情緒的另一種方式。亞歷斯是個還算無憂無慮的小男生，似乎對所有的事情都泰然處之，他結交了很多朋友，在學校裡也表現得很不錯。但在晚上，則是完全不同的樣貌，顯示他在白天是多麼焦慮，沒有人可以從他興高采烈的行為裡看出任何端倪。亞歷斯常常夢到飛機失事、被生氣的人們追趕著。媽媽想起有一次，他半夜尖叫地醒來，說有一隻大野狼坐在床尾瞪著自己，媽媽花了很久的時間都無法安撫並使他冷靜下

來。或許，也有可能是因為，那時媽媽開始回到職場，亞歷斯一整天都要待在學校裡，更讓他清楚感受到與母親的分離。他越來越無法清楚地想像，當自己在學校裡，而媽媽在等他回家的這段時間內，到底做了些什麼事情。要擔心媽媽，還要煩惱媽媽在一個自己不知道的地方是不是安然無恙，勢必加深了亞歷斯的焦慮程度。他一定表示過對媽媽要回到職場上工作，自己是很生氣的，而在白天裡，他對摯愛媽媽的某些感受無法公開表達出來，因此這些感覺便在晚上湧出。這當然可以達到讓媽媽來到自己床邊的目的，還可以在半夜中得到她的安撫。

突然對某種東西或動物產生恐懼

現在這個階段，你的孩子可能突然對某樣特殊物件或動物，產生極度的恐懼感。就某種程度而言，害怕一些看得到和摸得著，或是寧願不要去碰觸的東西，例如：蜘蛛，要比產生不知名的焦慮和恐懼感受來得容易多。五歲的查爾斯，突然間對蜘蛛的恐懼感增加了許多。根據父母的說法，這樣的恐懼顯然是因為他在電視上看了一部大自然的影片，影片中用了許多特寫描述蜘蛛結網的過程。查爾斯是和祖母一起看片子的，那也是他第一次和祖母一同過夜。即使外表上看不出來，但實際上，查爾斯對於被父母留下來睡在不熟悉環境中的一張陌生床上，是相當焦慮的。但是他自己要求要留下來的，雖然爸媽並不是相當願意。隔天早上，當父母來接查爾斯的時候，發現他似乎比平常安靜和順從。

在回家的路上，問他是否喜歡留下來跟祖母一起住的時候，他談論的卻是祖母彎腰親吻他說晚安的時候，可以感覺到祖母下巴上「可怕的多刺短毛」。對查爾斯，在被親吻時的多刺感受，清楚顯示出祖母和母親之間的差異，媽媽晚上親吻他說晚安時，他總是感覺到平滑的肌膚。這反而讓查爾斯渴望起平時的晚安親吻，並更清楚地感受到自己和母親分離的事實。他開始想像，父母不會回家來，或是有什麼可怕的事情會發生在他們身上。這個深切的焦慮感受，和祖母下巴上「可怕的多刺短毛」混雜在一起。對查爾斯而言，這可能跟早些時間在電視上看到有更多毛的蜘蛛有相同之處。僅是幾天之後，當他不小心看到一隻真的蜘蛛，並且無法自制地尖叫時，他的父母了解到了他的恐懼程度，但還是花了一點時間才將這兩個事件連結起來。查爾斯利用戲劇化的誇張方式來展現出對一個平凡物體的恐懼，且用以取代對失去父母的深層焦慮，看起來是相當不尋常的方式。

我們都會有保護自己的方式，來避免太多且排山倒海而來的感受，就像查爾斯對於與父母分離所產生的極度恐懼一樣。四到五歲的孩子需要一個具有同情心的聆聽者，一個不會對這些事情感到不耐煩且叫他走開，或是告訴他這些事情是不可能的人，而且這個人是幫自己試著釐清事實與探究原因的人。這樣的努力就已足夠，這樣對孩子就很有幫助了，即使無法真的有解決辦法。就像一個母親會試著去了解自己的孩子為什麼在哭，而事實上，她也不見得總是能夠知道孩子大哭的原因。

林淵，林柏偉攝影

第二章

上學去

本章描述的是孩子在學校的生活，四歲就可以進入幼稚園就讀，

屬於學齡前的教育，算是正式教育的第一站，

從家中獨享的生活，轉變到學校分享的團體生活，

分享老師和玩具，該如何幫助孩子盡早適應學校生活呢？

他們又是如何建立友誼的呢？

此階段孩子已經能體察到朋友的感受，並會想辦法拉朋友一把，

讀著案例分享，忍不住為孩子純真的友情喝采。

在學校適應不良的孩子通常是將在家中的角色帶到學校來，

不知道兩者是不一樣，有時做一樣的事會有不同的結果。

這裡也提出一個議題：競爭，不好嗎？

讓大家去思考討論。

正式教育開跑了

「媽咪走的時候，我很難過」

即使是孩子三歲就已經上幼稚園或托兒所，但像這樣開始進入正式的學程仍是很重要的一個階段。有很多必須犧牲妥協的地方，不過也因為開始被當成「大男生／大女生」而有所收穫。失去嬰兒時期，失去與父母一對一的特殊關係，每天都要面臨和父母分離，而家中若有更小的孩子，就又更加困難。孩子也失去了全能的感受，我指的是孩子相信自己可以很神奇地控制所有事物的感受。此外對父母而言，對孩子的放手，也很困難，尤其是當他們都還是家庭成員中的小寶寶而已。也常常會看到，早上送小孩去上學時，孩子在和母親說再見後，毅然決然轉頭離開，抬頭挺胸且愉快地向教室走去，反而是媽媽在門口暗自神傷。

> **貼心小叮嚀**
>
> 進入學校必須學習的功課之一是：妥協、分享、與人合作。

老師、玩具不是你一個人的

孩子需要習慣自己只是許多人當中的一個，大家都有相同的要求和需要，也就表示大家要一同分享老師和玩具，而且要能夠等待輪到自己的時候。孩子在這個時候是如何妥協，部分是與在

前四年當中，自己是如何和主要照顧者互動的經驗有關。若孩童覺得有人可以利用友善的方式考量和理解自己的焦慮和擔憂，便會在內心產生一個母親或父親的形象，這個形象是全然善良和充滿關愛的，且可以協助自己建立道德規範（超我）的基礎，而讓孩子知道什麼是對的，什麼是錯的，即使他們並無法每次都能夠將這樣的認知，轉化在行動上。但這可以讓他們在感受到壓力的時候，仍覺得自己是受到支持、是安全的，而且，這同時也給予孩子嘗試和探索新事物的勇氣。因此，若一切發展順利，孩子便能享受自己在更為寬廣的世界中所遭遇的變化，然而，他們還是需要有一些時間是在家中度過，因為只有在家裡，他們才可以不需要是懂事和自律的。

適應環境該提前準備

　　在英國倫敦的小學當中，幼稚園大班的孩子會慢慢準備進入一年級。大班有專屬的操場遊戲區，位於幼稚園的區域內，用柵欄圍出來的一塊地方。在銜接一年級前的暑期上課的時候，老師便會帶著學童到小學的大操場活動，剛開始只是一小段時間，到學期結束前一個月時，一整個的中午休息時間都會讓孩子在那兒玩耍。

　　在這個轉移到大操場活動的第一天，可以發現到的是，和其他較大的孩童比較下，孩子突然之間變得如此渺小和脆弱，尤其是當如巨人般的十一歲小孩在四周吵鬧、尖叫和吼喊著，四到

五歲的孩子們看起來迷惘且困惑。在幼稚園裡，跟那些三歲小孩一起的時候，他們已經習慣自己是那個年紀較長的，然而，在這裡，他們又變成最小的了。他們會和同班同學聚集在一起，很多還會依靠在柵欄旁，等著鈴聲響起，這樣就可以馬上回到自己覺得安全和熟悉的區域裡。其中有一個小男生對著另外一個小朋友說：「讓我們把那個寂靜花園當作我們家，走，那裡比較安全。」然後兩人便跑向原來小操場旁邊一塊四周圍起來的區域。

　　任何的階段轉變都會再度引發出孩子在年紀較小時期的一些感覺，甚至可以回溯到斷奶的時候，或是因為弟弟妹妹的出生，而產生的被遺棄感。我們可以利用羅比的狀況來說明。在第一天到大操場上活動時，讓他想起在九個月前，第一天來上學時的恐懼感受。當羅比在說話的時候，一步也不願意離開柵欄旁，那個區隔出小操場和大操場的界線。他不停說著「和那些大的」在一起是多麼恐怖，而自己又是多麼想要回到原來的地方。然後，他回想第一天來到學校的時候，那時，自己「只有四歲」，「我想要媽咪留下來陪我，她走的時候，我好傷心，但我忍住沒有哭」。羅比在那個時刻點上，特別需要一個母親，因為他剛才在操場上的柏油地上跌了一跤，而且手上有點擦破皮，他說那時候自己「想要試著追上詹姆士，可是他跑的太快了」。這似乎象徵著他的掙扎，到底是要安全地待在幼稚園裡，沒有成長和改變的空間，還是要長大，但卻得承擔會受傷，以及可能追趕不上其他人的風險。

　　當中午休息時間結束，小小孩回到小操場。一旦再次回到自己所熟悉的區域後，他們似乎變得更膽大妄為和喧嘩吵鬧，跑來跑去，用力地踏著腳踏車或三輪車的踏板在操場中狂奔，在行進當中驚險地閃過其他人。發出的噪音明顯增加，事實上，他們正模仿著在大操場上其他大孩子們的行為。

　　經過一段時間之後，絕大多數的孩子在大操場上玩的時候，已經慢慢地培養出自信心，而且身處在這些大孩子之中，也越來越不容易在很短的時間內辨識出哪幾個才是幼稚園的孩童。雖然他們仍然會和同年級的同學一起活動，也會逐漸佔領大操場的一些區域，這些原來是其他大孩子的地盤。若是有年紀較大的兄姊也是就讀同一所學校的話，一般而言，孩子的適應會容易些。相同地，對於非英語系民族後裔的小孩也是，他們會在年紀較大的孩童中找到一個與自己來自相同國家種族的學長姊。在我所描述的這所學校當中，有不少韓國裔的學生，十歲和十一歲的韓國女生，會去找那些四、五歲的韓國孩童，拉扯他們的頭髮，然後拍著他們的肩臂，安撫一下，就好像這些四、五歲的孩童是有趣的小玩意一樣。

　　孩子們最常玩的是「捉人遊戲」，他們不停地輪流大喊著「來追我啊！」「來抓我啊！」和「抓不到我吧！」有幾個年紀較大的女生也參與了這個遊戲，而且聯合起來把一些小男生們——小女生們似乎都不太熱衷這個遊戲——圍堵在寂靜花園裡的一個封閉區域，她們稱這個地方叫「地牢」。這些女生守住了

入口，並把所有想要逃跑的小男生一個一個推回去。她們的動作越是粗魯，男孩子們表現得越是開心。他們幾乎整個休息時間都花在這個遊戲上，之後好幾次的休息時間也繼續玩著這個遊戲。每一次在差不多的時間點，大概是快要回去上課的時候，戰況就會逆轉，小男生們會想辦法反過來捉住那些女孩們，雖然很明顯地，女生是故意被抓到的。或許這個時候，是那些十歲、十一歲的女孩們打算讓小男生們嚐嚐看，身為較大、較強而有力的那一方是什麼樣的感覺；換句話說，表現得像未來長到十歲時，一個男生應該會有的樣子，包括在嚇唬或制伏同年紀女生時，不會有任何的困難或做不到的風險。

　　某些四到五歲的孩子，學會了使用由繩梯組成的攀爬架，而且還附有一根鐵管，可以像消防隊員一樣由上方滑下來。這個體能上的發展，讓他們在大操場上感覺較為自在。孩子們會開始討論，當暑假結束後，進入一年級就讀時，生活會是什麼樣子。雖然，對於改變他們仍然有一些恐懼害怕，不過也聽得出來話語中是帶著些許的興奮感。但是，孩子們很難想像要離開自己的老師，就如同愛咪說的：「我希望老師跟我們一起到一年級去，她不會離開我們的，不是嗎？」

如何讓孩子早點適應學校生活？

「我媽咪會在家裡做一個特別的蛋糕等我回來」

　　有些孩子在學校的時候會需要較確切的物件來提醒自己有關於父母親的存在，就像前一章所提到的班一樣，需要坐在老師的膝頭上來幫助自己搭起家裡和學校之間的橋樑。書籍在這種時刻也很有幫助， 挑選一本媽媽或爸爸在家裡會讀給孩子聽的故事書，讓他們帶到學校，這樣一來，可以給小孩一種父母與他同在的感覺。尼克帶了一本自己的書到學校去，是一本有關可怕怪獸的故事書，老師把這本故事書讀給全班聽，這是一個有趣的故事，每個小朋友都被書中押韻的童謠和一些較為粗俗的用詞（會吸引這個年紀孩子的那一種）惹得哈哈大笑。當他們準備去換玩遊戲時要穿的衣服時，大家還不停討論著自己最喜歡的怪物是哪一個，還會重複書中的用詞來形容它們。尼克表露出驕傲的神色，他一點也不介意把書借給班一天，因為「我媽媽昨天晚上和前天晚上都有唸這本故事書給我聽，我已經記得裡面的內容了。」

　　絕大多數大班的老師，對於小朋友帶自己喜歡的玩具或是故事

貼心小叮嚀

　　如果老師對孩子採取比較寬容的態度，對孩子適應學校生活會有幫助。

書來學校，或是讓他們把學校中和家裡所發生的事情產生連結，都採取寬容的態度。在一個大班裡，下午開始上課時，在說完「午安，威克老師好！」之後，老師讓孩童們與其他人分享一些

自己在日常生活中發生的事情，很多孩子都會提到家中即將發生，或是已經發生過的事件，各種不同的，從「詹姆士今天會來我家玩，媽咪要做一個特別的蛋糕給我們吃」，到更不尋常的情況，如：「上星期六，我爸爸和我遇到貝克漢。」

　　這個年紀的孩子，口語能力已經發展到可以用語言喚起對父母的印象，可以依賴話語象徵性地與父母連結，而不再需要本人實際出現在眼前。令人驚訝地，在校的時間裡，可以從孩子口中發現許多關於爸媽的相關資訊，最典型的例子可以從「今天是外婆來接我，因為媽咪今天要加班」，到「我爸爸的臉很乾，他都擦一種很特別的乳液」和「我媽媽很不喜歡吃蝸牛，她說她再也不會吃這種東西了」。或者是說出內心裡的期望，但是利用一種深切地相信爸媽會想要對自己好一點的口吻說出來，就像蘇菲亞說的：「我想我們家應該會去海邊度假，但我猜，媽咪和爹地因為想要給我一個驚喜，所以還沒告訴我。」

　　面對擁有與自己一同經歷過許多生活經驗的父親或母親，和不僅是自己不熟識不親近，而且還得和其他二十幾位小朋友一

起分享的老師，對小孩而言，去適應這兩者之間的差異性，其實也不是件壞事。這表示孩子需要找到一種方式能夠更清楚地表達自己，甚至有時候需要自行處理，或是依賴同儕來幫忙解釋所發生的事物。孩童們會發現，自己身在一個可以利用不同方式學習事物的環境，在那裡他們也會需要使用不同的方法來表達自己的需要。當小孩從學校回到家，媽媽問到：「你今天在學校裡做些什麼啊？」，他們的回答通常會以簡單的幾個字帶過：「沒什麼。」家長可能會對此反應感到挫折無助，對孩子來說事實上其實是：「很多東西，但是太難以解釋了！」有本已經絕版的故事書，《小浣熊和外在的世界》（Little Raccoon and the Outside World），書中用有趣的方式詳細描述對孩子而言，兩種世界的不同之處，一個是在家中與媽媽一起的已知世界，以及除此以外陌生且多變的世界。

願意和我做朋友嗎？

「我可以一起去嗎？」

要是孩子可以和幼稚園的朋友上同一個小學，到「真的」學校上課的這個轉變會變得容易許多。有時候若是孩子們都去到不同的學校的話，就會較為困難，此時，結交新的朋友變成首要面對的問題。有些小孩在這方面比其他人厲害一點；若你的孩子擁

有自信或外向的個性，這對他適應新的學校是有所助益的，但較為害羞的孩子會以友情關係為外殼來保護自己與外界保持距離。有趣的是，就如同大人一般，孩子們也會吸引與自己在某些方面較為相同的他人，所以膽子小害羞的會聚集在一起，而喜歡違反規定和冒險犯難的則會成為好朋友。

　　一年級的孩童開始會用一種不同的方式來關心他們的朋友。整體來說，他們是真的想要平息與朋友之間所發生的爭吵，然而，對手足之間的爭執通常不會這樣希望，或根本沒有那麼介意。此時，孩子們也開始發展出對朋友的道德觀念，這也與對待兄弟姊妹的態度完全不同，一個五歲的小女生說：「可以把她的玩具拿走，沒關係，因為她是我唯一的姊姊。」但卻表示自己絕對不會拿走朋友的玩具（參考Dunn，2004）。

　　令人驚訝地，孩子在年紀這樣小的時候就可以了解朋友的感受，他們為什麼會難過，又要如何幫他們加油打氣，安慰他們。在一個下著毛毛雨的雨天，一個小女孩，普瑞雅，站在遊戲場上生氣，因為媽媽忘記給她穿上防水的外套。在中午休息的時候，普瑞雅身上穿著其他人借給她的外套，但她還是難過地站著不動，就好像因為沒有穿自己雨衣會造成一些羞辱而讓她石化不動，當然也有可能是因為媽媽「忘記」了這件事情。那媽媽有沒有可能也「忘記」

> **貼心小叮嚀**
>
> 　　四、五歲的小朋友已經可以體察到朋友的感受了。

了自己（普瑞雅）呢？這當中又摻雜了文化的因素，因為普瑞雅和家人是從印度移民來的，在英國僅僅住了幾年。或許她已經受不了媽媽迄今仍不了解英國人的生活方式，

具體而微的展現就在媽媽竟然忘記幫自己帶這件最「英國式」的東西——雨衣。她最要好的朋友裘蒂，試著要鼓勵普瑞雅加入自己正在玩的遊戲，但她卻連移動一下都不願意。裘蒂一剛開始試著告訴普瑞雅自己幫她留了一個位子，而且等她一起來玩。裘蒂說：「拜託，普瑞雅，來嘛！」但這仍讓她無動於衷，裘蒂嘆了一口氣說：「妳很難過嗎？」普瑞雅點了點頭，「妳是因為雨衣而感到難過？」她又點了點頭。一分鐘後，普瑞雅跟著裘蒂跑開了，在剩下的中午休息時間，兩人快樂地玩在一起。裘蒂衷心地希望了解朋友到底是為了什麼而不快，這個心意幫助解除了普瑞雅靜止不動的狀態，也讓她開心地跟著去玩。

　　在友誼當中，所有類型的假裝遊戲都有可能發生，孩子們可以藉此分擔所展露出來的恐懼，因為知道有兩、三個人和自己在一起，會感到比較不害怕。也可以一起分享對事物的熱情與刺激的遊戲，和單純只因為一些小事而放聲大笑。五歲的詹姆士（在第一章提到過的）自己玩著一個遊戲，假裝媽媽死去了，整個世界只剩下他自己。然後他的朋友，羅比，前來加入這個遊戲，並很貼心地問詹姆士是否需要有人陪伴。這兩個小孩便把覺得自己

孤苦無依的這種恐懼想法，轉化成兩個人結伴一起探險外太空的遊戲。

　　如果自己的朋友上課缺席，孩子們會有一種失去親人的感受，就像某一天茉莉的表現一樣，因為那天她的好朋友，亞當，沒有來上學。茉莉說她不知道為什麼亞當沒有來，難過又傷心地說，他可能是生病了。但當茉莉想到自己可以畫一張圖給亞當，一張賽車的圖畫，因為亞當很喜歡賽車——雖然自己很不喜歡這項活動，但是亞當喜歡。這張圖畫應該會讓亞當覺得好一點，茉莉確定，亞當一定會喜歡自己畫給他的圖畫。看起來似乎是，當發現可以為亞當盡點心力，而且是只屬於他的某些事物時，茉莉也好過了些，她覺得和記憶中的亞當更為親近。這個茉莉也就是在第一章提到要畫幅圖畫讓媽媽早點康復的茉莉。

　　當茉莉開始畫賽車圖時，她又提到自己在中午休息時間覺得很孤單，因為亞當不在，而且她喜歡他，然後又咯咯地笑著說：「我愛他呀！因為有時候我會在遊戲場上追著他跑，追到他的時候，我會親他一下。有時候是這樣，但有時候我不會親他，因為亞當通常跑的比我快！」如此看來，對茉莉而言，重要的並不是追著去親亞當的這個遊戲，而是因為亞當不在，而茉莉失去了這樣的一個關係，一種刺激的追逐，最後有時候是以親吻結束，有時又不是。茉莉現在是單獨一個人，並且焦慮地擔心著亞當是否安好。

在學校和在家中的角色
是不一樣的

「老師老師，詹姆士沒有把他的東西收好」

在某個程度上，孩子會把自己在家庭內已形成的身分認同帶到學校。他們在家中的行為模式、如何與家人互動的方式，就會跟在學校與同儕和權威人物相當類似，因為孩子們將這些人視為自己的手足和家長一樣。但是，事情並不完全是如此，因為學校會給他們機會測試對自己的了解；實際上其他人畢竟和自己的手足、父母親不同，可能也會使用不同的方式與其互動。舉例而言，一個孩子若是習慣自己的需要都是馬上就得到滿足，無論是因為父母親怕她／他發脾氣，或是捨不得孩子失望，這孩子會很快且驚訝地發現，在學校裡，這樣的行為並不會得到像在家裡一樣的結果。

有時候，某個孩子會成為代罪羔羊，承受其他人所擁有但卻急著想要擺脫的糟糕感受，有點像我們在第一章提到的丹一樣，他把所有的不好情緒都發洩到哥哥愛德身上。剛滿五歲的阿奇，似乎就處於這樣的情況當中。無論什麼時候，只要班上在上課時有任何的大小騷動，所有人都會轉頭看著阿奇。沒多久，大家就會期待他成為那個始作俑者。令人難過的是，阿奇很快地也配合演出，變成真的在上課的時候擾亂同學，或是當老師在說話時

同樣的行為，在家中和在學校可能有不一樣的結果。

做出令人討厭的行為。他不再相信自己可以做好事，或是需要專心上課。有一次，老師問道，有哪些人可以很快地走過走廊而且不講話，並請覺得自己做得到的人舉手，幾乎班上所有的小朋友都把手舉了起來，除了阿奇。他似乎無法相信自己也做得到其他人可以接受的行為表現。他開始試著藉由告狀來脫離這樣的位置，「老師！老師！詹姆士沒有聽你的話，把自己的東西放好。」或是「老師你看蘇菲亞在幹嘛，她把紙撕破了。」而這些行為只是讓他更不受歡迎。但是，班上老師拒絕與其他孩子同謀，甚至也拒絕與阿奇同謀，他不讓阿奇總是成為代罪羔羊。這讓阿奇得到和在家裡不一樣的經驗：在家裡，媽媽除了工作，還需要單獨養活一大家子，因此不明就裡習慣性地責怪阿奇，因為比較容易處理事情。巧的是在家裡也像在學校一樣，通常阿奇會而且也喜歡對號入座，讓自己陷入麻煩當中。

就像對號入座，偶爾也會在家庭當中出現，也就是說，在家裡，會有一個孩子被認為是比較頑皮和不聽話的，久而久之，她／他自己也認為就是這樣，這變成一種自我定位，所以說學校和外界是相當有助益的，可以有效幫助那些一直被認定為某種性格的孩子做一些良性的調整，無論是遭到其他人誤解，或是自我發展出來的。幸運的話，若有敏感的大人發現這樣的狀況，孩子就有機會發現，相同的行為會得到不同的反應結果。

從合作遊戲中可觀察孩子的個性

「我畫一個鬼，來當你畫的鬼的朋友」

　　大約在這個時期，孩子會開始從自己一個人玩，逐漸發展出要與別人合作的遊戲，可以看到這種方式會產生一些更為創新的事物。當然，總會有一些孩子想要指使別人，有些則是偏好聽從指示的，也有喜歡自己行動的。但整體而言，孩子們變得較願意分享各自的想法，以及組合不同意見，相較於各做各的來說，這樣的互動產生更多的可能性。

　　在大班的遊戲時間，有三個小男生形成一個小團體，其中兩個正在修飾一幅圖畫，這張畫一剛開始是由佛瑞德畫出來的，他很高興能夠退讓一步，讓另外兩個孩子來接手。三個小男生很高興地聊著，說到一些自己在這張佛瑞德的圖畫上有些什麼樣的貢獻，加上了一台在高空飛翔的飛機。羅伯畫上了劃過天空的閃電和打雷，西奧開始畫上長長的雨滴，直接從天上連接到地面。佛瑞德回來在圖畫的右下角畫上一個綠色的鬼怪，羅伯不一會兒用其他顏色也畫了一個一樣的，幫佛瑞德的鬼怪加了一個朋友。他們爭論著是否鬼怪會被雨淋濕，或會不會讓閃電給打到，持續討論自己畫了哪些東西，沉溺於圖畫中的故事情節裡。當時間到了要把圖畫從畫架上拿下來，然後放置在「帶我回家」物品的地方

時，對於這幅畫該屬於哪個人，並沒有任何爭論。一剛開始是佛瑞德動手的，所以應該是他要把圖畫帶回家，給媽媽看。

> **貼心小叮嚀**
>
> 四、五歲的小朋友開始發展和他人一起合作的遊戲玩法。

在籃球框架下，有一個五歲的小女生不停地滑動雙腳，她說：「我的腳很興奮，因為我就要得到一雙新鞋。看！我的腳一直滑來滑去，而且不肯停下來。」另外一個小女生走過來，什麼問題也沒有問，就爬上籃球框架下，也讓自己的雙腳上下滑動。當兩個人都在滑動雙腳的時候，她們開始討論起鞋子，然後聊到各自的家庭（一個小女生是日本裔，另外一個是印度裔）和自己的國家。在這整段時間裡，兩人的雙腳繼續以一致的節奏滑動著。

競爭，不好嗎？

「我的火箭比你的要快」

無論孩子是如何希望能夠和諧地一起玩遊戲，有時很快就會變成競爭性的對抗，尤其是在手足之間，像我們之前看到的一樣，當然和朋友之間也會發生。在這個年紀的孩子，會對自己的身分認同，和在學校裡的地位狀況感到焦慮。要讓自己覺得比較厲害或較為優越，擺脫那些因為覺得沒有存在價值或是渺小

的恐懼感受，最快的方式是搬出自己的父母。例如，孩子可能會討論到爸媽，會敘述一些事情來展現，在與其他人的家庭相比之下，他們是比較好的（或是比較有錢，或是比較聰明的等等）。

　　以下是在一間小學裡，三個五歲小女生之間的對話，這段對話可以作為孩子們為了展現出勝人一籌的意圖，但是以比較溫和仁慈的方式表達：

　　蘿絲：昨天有兩隻貓咪跑到我們的前院，還把所有的植物都挖起來。

　　薇琪：嗯……貓咪昨天跑到我家的院子，把垃圾桶打翻了，還把垃圾灑了滿地都是。

　　喬可：喔！昨天有狐狸在**我們**家的院子裡，把垃圾弄得到處都是。而且，媽咪和爹地很生氣，因為他們要整理這些東西。

　　蘿絲：有一隻狐狸昨天進到我家的**廚房**，坐了下來。媽咪向牠丟了一個盤子，不過那只是一個紙盤，所以沒有破掉。而那隻狐狸就一直留在那裡，待了好幾天。

　　剛開始，只是蘿絲以一種大人的口吻（她甚至學大人嘆了一口氣來表示生氣）交換有趣的資訊，很快便轉變成太誇張，誇

大到無法分辨哪些是事實、哪些又是想像。蘿絲描述事情的方式讓另外兩個小女生啞口無言。她們兩個人都沒有辦法知道狐狸是不是真的進到廚房裡去，另外有關媽媽丟了一個紙盤的資訊，則增加了現實感，讓這整件事情更難以質疑。這就是開始這段對話的那個小女生，蘿絲，用來表現自己勝人一籌的方式。在本章節之前討論到的案例，佛瑞德起頭畫了一幅畫，之後與羅伯和西奧三個人一起合作完成，在這個例子中，比較競爭、一定要略勝一籌的情緒並不存在。

有的時候，這個年紀的孩子並不需要搬出自己的爸媽，因為他們本身就很會創造出「比你的好／比較快／比較厲害」的情況，當然是以一種競爭的形式，不過是友善的方法。有兩個在遊戲區玩積木的小男孩，正用這樣的方式來比較自己的積木火箭，這段對話聽起來是這樣的：

湯姆：我的火箭可以飛一百萬兆哩遠。
凱喬：嗯……我的火箭可以飛過太陽系，然後再飛回來。
湯姆：我的火箭可以飛過太陽系，還可以穿過金屬。
凱喬：我的火箭也可以做到那些，而且還可以穿過……什麼東西比金屬更硬呀？

這段對話持續了一段時間，兩個孩子都試著要比對方更好，不過這個遊戲絕大部分是以溫和的方式進行的，最後，他們決定要搭乘他們的火箭到「比一百萬兆哩還要更遠」的地方。這兩個

小男生是朋友，氣質也非常類似。當以一種兩人都覺得很有趣的方式時，他們顯然享受雙方相互鬥智和比較誰對於世界的了解比較多的過程。

　　在他們這個年紀，競爭是成長的一部分，只要能夠基本上維持一種友善的態度，其實是沒有什麼不對的。但是，如果一個孩子不清楚自己的價值感，這樣可能會讓競爭呈現接近難堪的邊緣，也就是為了要維持自我意識，會以一種壓抑或貶低他人的方式去進行。

林淵・林柏偉攝影

第三章

社交生活新挑戰

此階段的小朋友經常藉由遊戲來拓展經營他們的社交圈，
會有喜歡呼朋引伴的，也會有喜歡獨來獨往的，
你的孩子是屬於哪一種的呢？
好奇心是他們探索世界最大的動力，也是學習最佳的助力。
最感興趣的問題是嬰兒是從哪裡來的？答案五花八門，令人莞爾。
仔細觀察，會發覺此年齡男生會跟男生在一起玩，
女生就跟女生一起玩，而且玩的內容也很不一樣。
為什麼我的孩子不受歡迎？原因百種，
其中恃強欺弱的行為就是一條線索，透過案例的觀察分析，
讓父母理解問題到底出在哪裡？如何面對處埋？
幫助孩子在人際關係上有所改善。

懂得分辨真實與想像

「哈囉，親愛的，我回來了！」

在這個年紀的孩子，對於現實生活和想像世界已經有了清楚的理解。四到五歲的小孩在一起玩的時候，所扮演的身分和角色可以讓他們對於大人在那個更寬廣的世界中的所作所為一探究竟。有時，孩童會透過分配角色來領會，例如會說出：「妳來當媽媽／公主／醫生，我來當爸爸／王子／病人。」但有時候，在一個會展現某些情緒的故事情節當中，所有人就渾然不自覺地融入看似事先安排好的角色當中。從五歲的朗尼身上，我們很清楚地知道這個小男孩想要扮演的角色，以及他希望他的朋友們可以承接什麼樣的身分，當他大步地走進遊戲區的時候，會說：「哈囉，親愛的，我回來了，孩子們呢？我帶了一些巧克力糖要給他們，我從巧克力工廠偷來的唷！」他的朋友馬上就會假扮起太太的角色，隨手撿起一個洋娃娃，並用誇張的口吻回答：「小孩今天很不乖，他不應該得到任何的巧克力糖，他一整天快把我煩死了！」然後在洋娃娃屁股上狠狠地打了一下。

就像朗尼知道自己其實不是個父親或小偷，他僅只是個五歲小孩，其他的孩子也對自己是誰有著

> **貼心小叮嚀**
>
> 四到五歲的孩子，對於現實生活和想像世界已經有了清楚的理解，不會傻傻地分不清。

清楚的認知，而利用角色扮演的方式來體會身為其他人，或是做出一些被禁止的勾當，例如從巧克力工廠偷糖果，會是什麼樣的感覺。假裝自己是超人的孩子不停地來回呼嘯奔跑，是在體會自己無所不

四到五歲這麼小的孩子，也會對扮演某一個特定的角色感到較自在，例如，有人喜歡扮演巫婆，有人就是喜歡扮演受害者；倒是很少看到有孩童能夠在不同的角色當中互換。而角色扮演也可以觀察到孩子獨特的個性。

能，還可以做出像飛行一樣神奇的行為，不過當有需要的時候，他們也可以很快地回到地面上，腳踏實地做回原來的自己。

　　即使當孩子有一個假想中的朋友，而且堅持其他家人要對待這個朋友，就如同這個人真的存在一樣，例如：在餐桌上幫她留個位子。就算實際上孩子是如何地不肯承認，但其實在他內心深處，還是知道這個朋友是自己創造出來的。

　　有一個假扮遊戲，即使經歷了許多世代，仍然廣受歡迎。這個遊戲是由一個人裝成邪惡的巫婆，四處奔跑抓住無辜的受害者。當然，就像常常出現在童話故事裡可怕的後母，巫婆也是經常可以在故事書裡看到的一個角色。從《糖果屋》到羅德‧達爾（Roald Dahl）所描述非常嚇人的《女巫》（The Witches）之間，有一條不可破壞的界線，就如同羅德曾經在《女巫》這本書裡愉快地說到：甚至你的老師或媽媽可能也是一個女巫！每次看到幼稚園的孩子們玩這個遊戲，便會發現孩子們很容易就落入巫

婆／犯罪者和無辜受害者的角色當中，這個現象總是讓我感到震驚。雖然他們會輪流當巫婆，有一個小孩，卡拉，實在很不像無辜的受害者，她很清楚地喜歡展現令人覺得害怕和恐怖的一面。換她扮巫婆的時候，她會發出險惡的嚎叫聲、眼中閃爍著怒氣。有兩個被她抓到的女生看起來真的很害怕，她們假裝被綁起來關在籠子裡，坐下來手高舉過頭，並把眼睛緊緊地閉上，當卡拉去追捕其他的受害者時，她們兩人不會移動也不說話。但當大人問這兩個小女生在做什麼時，她們還蠻直率地說：「我們只是假裝被巫婆抓到。」隨即又閉上眼睛、緊緊地抿住嘴唇。當換另外一個小朋友當巫婆的時候，卡拉似乎不願意被抓到，而且拒絕坐下，閉上眼睛，並不把手放在頭上。有趣的是，這個時候當巫婆的小女生似乎對於假扮巫婆來抓人，並把他們關在牢裡這件事失去了興致，就像卡拉很自然地融入巫婆的身分，同樣地，這個小女生則是偏向扮演受害者的角色，因此換她扮演巫婆的時候，她會四處遊蕩，似乎忘記了自己原本應該要做的事情，遊戲就只好結束了。即使年紀這樣小的孩子，也會對扮演某一個特定的角色感到較自在，就像遊戲當中的受害者或加害者。很少看到有孩童能夠在不同的角色當中互換。

但若是孩子因為覺得現實生活非常可怕和危險，開始想要在一個

> **貼心小叮嚀**
> 若是孩子覺得現實生活非常可怕和危險，開始想要在假扮的世界中生活，就會產生問題。

假扮的世界中生活，就會產生問題。有時候，逃到一個「虛幻」的世界裡，有著完全不同的身分（就像我們在看科幻小說，而且相當沉浸於書中的情節時），有些孩子會覺得在那樣的世界裡是比較安全的，因為，無論基於什麼樣的理由，他們實在無法忍受現實生活。不過這通常都只是短暫的階段，常常是因為在那個時候無法面對外在世界的某件事情，例如失去家人，或弟弟妹妹出生的時候，或是孩子在面臨對自己而言太難以處理的任何痛苦事件，而生命需要可以稍微暫停一下的時候。

▌好奇心作祟

「到底媽咪們是從哪裡來的？」

　　五歲的潔西卡在替母親節卡片著色的時候，突然停了下來，還皺著眉頭。在短暫的沉默後，她說：「我不知道一個媽媽是從哪裡來的，我知道媽咪也曾經是個小貝比，是她的媽媽把她撫養長大，但是，我媽咪的媽咪又是從哪裡來的呢？」接下來又是一陣沉默，然後她嘆了一口氣說：「這件事情真的很難搞清楚。」四歲的蒂娜也想著一樣的事情，她向大家宣布自己未來不會有一個先生來「生小孩」，她要「靠自己一個人的力量」把花園裡的種子養大。這個案例說明了當孩子試著理解一些理所當然的事物時，四歲和五歲小孩在思考內容上的差異。然而，這兩件事情

有一個共通點，有一樣事物都不存在於這兩個小女生的思考過程中，那便是父親的角色，蒂娜是有點故意的，而潔西卡則是混淆了媽咪和爹地之間這個重要的連

結。藉由接受由母親和父親兩人一起創造出第三人的這個事實，讓孩子開啟心胸接受所有其他不同類型的連結，這些連結是創造許多其他事物的必要條件。四歲的蒂娜並沒有真的準備好要接受這個事實，潔西卡則已經可以理解，雖然她還是覺得這件事情「真的很難搞清楚」。

在第一章提到的山米，我們看到他因為能夠和父親一起用紙箱做一部小汽車而得到快樂。這些都會對孩子們有所啟發，當孩子們有必要一起時，會表現得更為認真、完成更多的事情。可能基於同樣的理由，也就是一旦接受了父母在一起可以創造出其他的事物後，任何事情都是可預期的了。

一旦這個年紀的孩子接受了媽咪和爹地一起可以創造出一個嬰兒，他們便可以把對這方面的需求擱置一旁，而充分發揮自己的好奇心。這也是表示孩子開始學習的一個重要指標，但這並不表示他們對嬰兒是從哪裡來的，不再感到好奇。四到五歲的孩童常常玩著懷孕的遊戲，就如同下列的案例所描述的。四歲的愛麗和六歲的姊姊安娜，一起玩著遊戲：

　　愛麗拉著安娜的手臂，用煩燥的聲音說：「來嘛！安娜，我們來玩『貝比需要去睡覺了』。」安娜甩開愛麗，說自己不想要玩這個遊戲，愛麗消失了一下子後，回來手上拿著一個穿著粉紅色衣服的洋娃娃，她興奮地咯咯笑著，把洋娃娃丟給安娜，叫著：「拿去，安娜，這是妳的貝比，看，她從妳的肚子裡生出來了！」安娜拿起娃娃，胡亂地塞進衣服底下，在房間裡頂著肚子走了幾圈，突然之間，又把洋娃娃從衣服裡拿出來，還給愛麗，大聲說著：「拿去，愛麗，我才不要把妳的小孩塞在我的衣服裡走來走去呢！」愛麗拿回娃娃，然後走回自己的房間去。

　　雖然安娜一剛開始有點猶豫是否該加入遊戲，但她無法抗拒假扮一個懷孕媽媽的機會。愛麗自己很清楚，應該是安娜要來扮演這個有小孩的角色，可能是因為她內心深處感覺這個遊戲有些是被禁止、感到羞恥的部分。她肯定對這件事情相當興奮，也許安娜也是，但當安娜自己突然想起來，她正在做的事情是非常大人的時候，讓她冷不防地停止了這個遊戲。

　　大約在這個時候，孩子們突然會覺得像「屁股」和「小雞雞」這類字眼相當的滑稽有趣。我曾經看過兩個五歲的小男孩，只要其中一人提到「放屁」這個字，兩人就會歇斯底里地狂笑到在地上打滾。一對雙胞胎自己編了一首童謠，他們會在傍晚洗完澡還沒穿上衣服前，光著身體在房間裡跳來跳去的時候笑著唱：「我們是髒小孩！我們又臭又髒！我們的肚子很臭，我們的屁股

很髒，我們的小雞雞會尿尿，我們的屁股會大便。」當然不時地一直聽到這首童謠會讓人很厭煩，但這當中的天真無邪又讓人覺得是可以接受的。這也展現出五歲的孩子們對自然的身體生理功能，慢慢產生了深入了解的興趣。

這或許也是一種指標，表示這個年紀的孩童在發現身體上所謂的尷尬部位是這麼有趣的時候，似乎馬上從顯而易見與兩性相關的事物，轉移到較為幼稚的歡樂。在這個階段，對於兩性相關事物的興趣似乎已經消退，或是暫時退燒，讓孩子在十一歲或十二歲青春期來臨前，有幾年的緩衝時間把注意力放在其他的事物上。

我是女生，你是男生

「小女生是用什麼做的？」

在這個年紀的小孩常常會接受家庭以外的世界對於男生或女生的刻板角色，來尋求自我的真實認同感。或許只有在一開始的時候接受的最極端角色，才可以讓他們更加確認自己在性別連續性上的確切位置。在開始上學的第一年，感覺和其他人一樣，融入團體是最重要的，且有著強烈的動力要更加確認這一點。在這一方面要覺得自己和其他人不一樣是很困難的事情，尤其是很多其他方面都有不同之處，例如：種族、文化、家庭組成等。讓

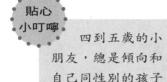

貼心
小叮嚀

四到五歲的小
朋友，總是傾向和
自己同性別的孩子
玩在一起。

人驚訝的是，在一個幼稚園大班的班級中，有些小朋友不只知道鵝媽媽的古早童謠「小男生／小女生是用什麼做成的？」還不停地對同學唱著，尤其是當女生們想要捉弄男生的時候。

女生們傾向和女生玩在一起，男生們也是一樣，而且在這個年紀最要好的朋友絕大多數都是同性的。就像一個五歲小男生說的：「女生好噁！」

　　舉例來說，阻止兒子玩玩具槍的家長會發現，即使是最無害的物體都可以當作致命的武器。在一個幼稚園大班裡，孩子們利用塑膠食物玩著商店買賣的遊戲，剛開始的時候，男生和女生分別輪流當店員和客人。突然有個小男生拿起一個塑膠香蕉，然後跑開，在遠處用香蕉假裝成手槍指著另外一個男生，且發出射擊的音效。很快地，所有的小男生們便在遊樂場裡跑來跑去，每一個人手上都有一把香蕉手槍，對著同伴射擊，而女生們則是繼續原來玩的購物遊戲。

　　四到五歲的男生和女生的繪畫，也是用來了解孩子們需要確認自己的性別類型的重要指標。我們可以藉由下列的案例清楚了解這當中的差異性。有三個小男生在畫架的一邊畫圖，另外一邊則是三個小女生。男生們在描繪一幅火箭正要起飛的情景（這三個正是第二章提到一起畫飛機的小男生），他們在圖畫的下方畫上可怕的線條表示煙霧和火花，當每一個人替這場火災加上不同

的顏色時，三個人就很興奮地大笑著。另外一頭，三個小女生正畫著一個全身穿著粉紅色禮服的公主，且在禮服上裝飾了許多心形圖案，女孩們咯咯笑地竊竊私語，討論著誰要第一個當公主。

和大操場分開來的幼稚園遊戲場中，男孩們會騎著腳踏車或三輪車在場中飛奔，要是錯過與同伴對撞的機會，就會放聲大笑；而女孩們則是形成小團體圍在一起聊天。這樣的情景，當然也是另一個描述性別差異的情境，即便會有例外的狀況。不過，還是很難以接受孩子在家時表現出來的特質，與在學校裡展現的典型男、女生類型是完全不同的。

家長有時候會過分擔心孩子看起來對自己的性別認同過於強烈，不過，這通常只是過渡時期，孩子需要用自己的步調來長大。父母越是反對或是評斷孩子，舉例而言，對女兒只穿粉紅色的衣服或不停地畫著公主有所批評，只會讓孩子更為堅決地維持那樣的狀況。孩子們感受到自己是不一樣的，是來自想像遊戲中，而不是在現實生活的班級裡或遊戲場中。通常孩子可以在扮演他人的時候，了解那是什麼樣的感覺。艾咪，三個一起畫著

貼心小叮嚀 　　四到五歲孩子的繪畫，是用來了解孩子們確認自己性別類型的重要指標之一。

貼心小叮嚀 　　孩子們感受到自己是不一樣的，主要是來自想像遊戲，而不是在現實生活的班級裡或遊戲場中。

公主的小女生之一，特別喜歡假裝成一匹要脫韁的馬，或是一條會咬人又亂吼亂叫的壞狗狗。有些女生會假扮成父親，腳步堅定地走來走去，看起來很生氣和吼叫，用一種甚至她們的爸爸看到都覺得非常不像自己平常所作所為的方式！男孩們也一樣，會以教室裡的娃娃屋為掩護，玩洋娃娃，試著理解當媽媽的感覺是什麼。這些種種跡象都暗示著孩子的渴望，希望了解自己是誰，以及要如何融入社交世界的方式。

恃強欺弱的開始

「她讓我們覺得很難過，她好可怕」

有些孩子藉由指使和控制別人，來處理自己的無助和脆弱感受。一個五歲的義大利小女生，卡拉（本章稍早提到的那個喜歡扮演巫婆的女孩），在抵達英國的時候，一句英文也不會說，一年之後，她可以很流利地說著兩種語言，而且一點口音也沒有，不過這讓她在情緒發展上付出了一些代價。卡拉會無情地指使身邊的小朋友，有時甚至把其他人惹哭了。如果有任何人膽敢違背她的意思，她的眼中就會閃爍著怒氣。在玩假扮遊戲時，她會替每個小朋友指派角色，不管對方是否願意。令人驚訝的是，孩子們並沒有太多的抗議。卡拉會堅定地說：「不行，你不能當公主，我才是公主，你應該要當我的貓咪。」然後開始規定貓咪應

該要有什麼樣的行為。有一次，卡拉像往常一樣佔據了城堡，且扮演起她平常會假裝的公主角色，還命令另外三個小女生跟她一起玩，扮演她的女僕，她們玩的遊戲內容是有關要做一個蛋糕給卡拉公主的爸爸──國王，而且要在國王回到家前把蛋糕做好。令人感到有趣的是，卡拉的故事中很明顯地缺少了母親／皇后這個角色。當她興奮地假裝要把所有東西都準時地準備好時，卻沒有發現，有兩個小女生手牽手地從城堡裡溜走了。「反正我們也不想玩，」這兩個小女生解釋：「她讓我們覺得很難過，她很可怕，不是嗎？」然後就一同跑開，到別的地方去玩她們自己的假扮遊戲了。

卡拉抵達英國的時候，一定感到非常困惑，於是退縮回嬰兒時期口齒不清、無法表達自己最簡單需求的那個階段。當一個四歲的小孩才剛剛開始可以流利地使用自己的母語時，卻又失去了溝通的能力，有什麼比這個還要可怕呢？因為父親的新工作，必須舉家遷移到陌生的環境，這也是造成卡拉混雜情緒的原因之一，而她必須要處理這些感受。她正處在一個不允許自己對父親──那個國王──未將她安頓好而生氣的歲數。她對爸爸的感覺其實是正常的，也就是非常複雜的，因為是父親讓她又處於像小嬰兒一樣無助的情況裡。難怪卡拉需要一而再、再而三地扮演公主女兒的角

貼心小叮嚀　有些孩子會藉由指使和控制別人，來處理自己的無助和脆弱的感受。

色，藉此替自己重新確認身分上的認同。問題是，雖然卡拉利用新學到的語言力量來引發這件事情，卻犧牲了建立真正友誼的機會，她不讓其他人扮演和自己相同的角色，讓她失去了完全融入團體的機會。她在語言和文化上的不同因而更為明顯。不過卡拉的不受歡迎不是因為語言和文化的差異性，而是她面對這些與人不同的差異所持用的處理方式。

另外有一個遊戲也是卡拉很愛玩的，這個遊戲也顯示出她有多麼害怕成為受害者，那就是先前提到的巫婆遊戲。要是有受害者堅持要輪流當巫婆，她無法與其他人輪流扮演巫婆與受害者的角色。她自己非得一直都是巫婆才行。同樣地，就會讓其他小朋友失去和她一起玩的興趣，而留下她自己一個人。當這種狀況發生的時候，會有一些小爭吵或爭執，然後其他小朋友就會轉身離開，留下她一個人搞不清楚到底做了什麼竟會身陷這樣的孤單。這不停反映出卡拉乍到英國時所感受到的孤獨和困惑。

這是一個惡性循環，讓像卡拉這樣的孩子繼續恃強欺弱，以擺脫那無法忍受的脆弱感、依賴感，以及最重要的，覺得自己和別人不一樣的感覺。在卡拉的案例中，雖然她的行為看來似乎是直接呼應生命當中一個令她難過的事件，但假以時日，再加上些許的運氣，這件事情終究會過去。然而，除非有一個敏感的大人了解這些行為背後的動機，並在孩子展現這些行為時設下清楚的界限，否則四、五歲孩子就會恃強欺弱，等到他／她年紀更大的時候，就會變成嚴重的霸凌行為。當一個孩童在生命的其他方

面覺得很無力的時候，便會緊抓自己僅有的權威不放，並開始濫用這樣的能力，例如：在同儕間稱霸。瑪格麗特‧愛特伍在她的著作《貓眼》（Cat's Eye）裡有段對於恃強欺弱很好的描述：「『孩子』只有對大人而言是可愛和渺小的；別的孩子對自己來說並不可愛，且跟自己是一樣大小的。」

喜歡有人作伴還是獨來獨往？

「走開，我想要一個人靜一靜！」

有的時候，四、五歲的孩子會有足夠的社交活動，但也需要花點時間一個人獨處。這和小孩很迫切地想要和其他人在一起，卻不得其門而入的情況相當不一樣。當一個小朋友重複地不停嘗試想要找其他人一起玩的時候，但老是遭到拒絕，只好暗自離開去做其他的事情。每看到這樣的情況時，總是令人感到難過。

阿倫就是這樣一個孩子。他在操場上找到一個很好的藏身之處，把自己藏在樹叢後面，期望其他人來加入他。雖然他不停地想要說服一個又一個的小朋友來跟他一起玩，但就是沒有人願意。後來，阿倫放棄了邀請其他小朋友跟自己一起玩的想法，在下課時間玩起冒險遊戲，是有關海盜及被俘虜的內容，但只有他自己一個人玩。這是一個虛張聲勢的行為，背後的原因很明顯的是阿倫的孤單和被拒絕的感受。有可能因為阿倫是獨生子，較容

貼心
小叮嚀

有時候，孩子非常生氣時會脫口而出：「走開，我想要一個人靜一靜。」實際上，他們其實是希望有人能夠來安慰自己，讓自己覺得好過一點。

易與大人們建立關係，而非小朋友們，因而讓其他的孩子對他有所提防。阿倫講起話來很像大人，這樣的說話方式是大人很喜歡的，但卻讓同儕感到不安。阿倫花了好幾個月才交到一個朋友，一個願意留下來跟他一起玩的同伴。阿倫對這個朋友有相當大的佔有慾，如果他想要加入其他團體的遊戲，阿倫會非常生氣。慢慢地，阿倫停止了想要控制所有事情的欲望，讓他的朋友和其他人一起玩，甚至可以等待朋友再回來跟他玩。當阿倫等待的時候，他可以自己一個人玩得很愉快，和之前覺得被排擠的狀況不同。

有些孩子天生就是獨來獨往，當他們感覺到非常快樂的時候，會需要一點自己的時間，甚者，獨處的時候讓他們可以發揮創造力和想像力。一個較為早熟的五歲男孩，是家中的獨子，因此習慣自己找樂趣，他會自己編造手偶劇的劇情，然後獨自演出所有的角色。只要當孩子厭煩了自己一個人，這個時候若是有朋友加入，便是件好事。然而，現在有這麼多的電腦遊戲、電視遊戲機和電視節目，當然，便會轉移孩子的注意力，讓他們遠離自己的想像力和與其他人實際上的接觸，這是另一種孤單，而且這對激發創意是沒有什麼助益的，反而會扼殺孩子們的想像力。舉例而言，即使是四歲或五歲的孩子都會開始使用掌上型電動玩具

來暫時逃離現實生活。一個幼稚園大班的老師解釋說，每個星期一她會確保所有的腳踏車、三輪車和踏板車都會移到遊戲場中，因為小朋友回到學校上課的第一天，總有許多被壓抑的精力。對於這樣的狀況，老師說唯一她可以想到的解釋是，孩子們週末時因為長時間坐在電腦和遊戲機前面，或是看著電視，因此活動力不足。

這個問題的部分原因也有可能是，家長們自認理由充分地，不再覺得讓小朋友在街道上或公園裡和其他孩子們玩耍是安全的了。如果家長需要無時無刻地看顧著孩子，隨時都要有空帶他們去其他同學或朋友的家中，或參加課後活動，那當然是選擇讓孩子安然地坐在家中要來得容易許多，即使這表示孩子有很長的一段時間都沒有體能上的活動。相較於以前，現在的父母要為孩子做相當多的事情——即使是和朋友在公園裡踢一場足球賽，也需要有大人帶他們去，在那裡陪他們——而且這些還是他們忙碌行程之外的責任。因此，一點也不令人感到驚訝的，筋疲力竭的家長有時候很希望能夠享受一下因孩子深受電腦遊戲吸引所帶來的片刻寧靜。

很容易就可以看出來哪些孩子其實是不想要自己一個人玩的，就像剛剛提到的阿倫，他需要找出如何和其他小朋友一起玩，而且不會把他們嚇跑的方式。哪些又是當自己一個人玩的時候，是真的會自得其樂且感覺愉快的。不過看到有些孩子因為沉迷於電動玩具，而把社交互動和想像力隔絕在外時，還是會有一

點點擔憂。這不表示所有類似的遊戲都是不好的，若是適度使用，仍可以幫助孩子的手眼協調能力，有些也具有教育目的，可以對初期的閱讀和數數能力有所幫助。但對交朋友上有困難的孩子，他們會覺得與虛擬世界建立關係是容易許多。就如同我們剛剛看到的，阿倫不停地嘗試要和其他小朋友建立關係，最後也真的找到一個朋友一起玩。如果阿倫在嘗試的過程中退縮，轉而沉浸於電腦遊戲中，就會讓自己處於更孤立的狀況。

有時候，孩子非常生氣時會脫口而出：「走開，我想要一個人靜一靜。」實際上，他們其實是希望有人能夠來安慰自己，讓自己覺得好過一點。每個家長在某個階段中都會有類似的經驗，甚至還加上「我討厭你」和「我希望妳不是我媽媽」等話語，這些狀況越能夠在現在這個時期被容忍的話，未來在青春期發生類似狀況的機會就會越少。

柯葉晨‧柯曉東攝影

第四章

書籍繪本與親子共讀

從單字書、韻文書到有主題故事情節的繪本，
在孩子的成長過程中，是不可或缺的好朋友。
本章中介紹了好幾本關於孩子情緒方面自我療癒的繪本，
供父母參考。
大聲朗讀故事給孩子聽，分享親子之間的親密感和緊密感。
大多數的人們都會記得小時候有人唸故事書給自己聽的時刻，
這是童年時期最快樂的時光之一。

利用繪本表達常見的恐懼

「再唸一次」

現在市面上有太多很好的兒童書籍繪本，以致於有時候不知道該選哪一本才好。很多家長會唸故事書給孩子聽，尤其是自己小時候便很熟悉的故事。這件事情本身可以當作家長與兩個對象之間的連結，一是與現在自己的孩子，另一是和過去自己還是小孩的時候。當家長想起小時候的感受，更可以同理孩子現在的感受與情況。

四到五歲的孩童喜歡有人大聲地唸故事書給他們聽。在幼稚園大班裡，即使是最容易分心或最好動的孩子，都能夠在全班一起聽故事時，有片刻的安靜，尤其是當故事書裡有一些容易朗朗上口的短句，而且不停重複很多次的時候。押韻和節奏感在這個階段是很重要的，我在第二章提到過一個案例，解釋書籍如何讓孩子感受到家裡和學校之間，以及媽咪和老師之間的連結：尼克帶了一本自己的書到學校去，這本書描寫可怕又非常粗魯的怪獸們。他的老師把這本書大聲地讀給全班聽，所有人都很喜歡，最後書借給了另外一個小男

> **貼心小叮嚀**
>
> 四到五歲的孩童喜歡有人大聲地唸故事書給他們聽。在幼稚園大班裡，即使是最容易分心或最好動的孩子，都能夠在全班一起聽故事時，有片刻的安靜。

生，班。尼克把書借給他一個晚上，這樣班的媽媽就可以唸這個故事給他聽了。

　　利用書籍繪本來幫助孩子消除焦慮是一個好方式，無論這個焦慮是來自真實或虛擬的狀況，藉由把可怕或令人困擾的事情加諸於虛構的人物身上，有助於他們去除焦慮的感覺。透過這些書籍繪本，孩子們可以安全且有距離地探索本身的恐懼，更重要的是，發現他正在經歷的感受其實並不那麼不尋常，自己在這些情緒裡其實並不孤單。換句話說，可以分辨、命名和思量這些恐懼的感受。這可能是為什麼孩子會要求一遍又一遍地讀過這些故事，就好似一再重複這個中心主題，他們感覺自己是可以掌控這些深層的焦慮感受，無論它是由什麼原因造成的。在這個年紀，孩子持續在兩種狀態中轉換，一是希望可以停留在母親安全的懷抱裡，也就是回到自己曾經是那個無助和可愛的嬰兒；另一則是想要探索外面世界，並且變得獨立自主。

值得唸給孩子聽的繪本

「它是甘甜美味的，它是最好的；它是搗得爛爛的，它是最笨的」

　　有一本很棒的書可以幫助孩童處理焦慮感受，那就是麥克・羅森（Michael Rosen）的《我們要去捉狗熊》（We're Going On

A Bear Hunt）。一家人出發去
探險，過程變得越來越困難，
也越來越可怕，故事的每一頁
都用「我們一點也不害怕」當
作結尾，一直到全家人找到當
初出發時想要找的那隻熊，然

後他們便可以承認自己很害怕，最後安全地跑回家中。此書創造
了一重又一重的緊張氣氛，直到終於可以脫離危險。這樣的情結
相當吸引四到五歲的孩童，尤其是故事裡所描述的爸爸媽媽也像
小孩一樣害怕，同時又要繼續保護他們的孩子免於危險。

由羅德‧達爾（Roald Dahl）所撰寫的《巨大鱷魚》（The
Enormous Crocodile）包含了所有孩子對自己的感受，有好的也
有壞的。小孩會對自己不太好和貪心的那一個部分感到有罪惡
感，在這本繪本中，作者取出這一部分的人格特質，並以鱷魚的
樣子來表示。事實上，羅德‧達爾有兩隻鱷魚，書名所提到的鱷
魚因貪心和貪戀權力而驕傲自負，另一隻「不太大的鱷魚」不會
受其他鱷魚煽動，更不願意和大家結伴去做「壞事」。就像所有
好的故事一樣，最後結果是這隻巨大鱷魚得到了應有的懲罰，以
呼應孩子對於是非對錯的價值觀。因為這隻鱷魚殘暴地想要殺害
小朋友，以及牠貪得無饜的欲望，看來是應該要得到嚴厲的懲
罰。這也會得到很多孩子的共鳴，這些都是需要面對家中有新生
手足的孩童們，所共同感受到而必然會被觸發的混雜情緒。在這

個狀態下的孩子，偶爾會對新生兒產生憎恨的感覺，他們需要知道，這樣的感受實際上不會對弟弟妹妹造成任何傷害，因為有大人在身邊保護著，就像故事中的其他動物們一樣，會確保那隻巨大鱷魚不會抓到任何小朋友來吃。

雖然《巨大鱷魚》裡面的用字遣詞可能不太適合這個年紀的孩子，即使不是很清楚這些文字的意思，不過這些詞句的發音讓人很容易就喜歡，故事情節本身也相當簡單易懂。提到故事書的文字對孩子而言太過於困難，就一定要說到碧雅翠絲‧波特（Beatrix Potter）的《彼得兔》（Peter Rabbit），作者用「催眠」來描述因為吃了太多生菜而想睡覺的狀態。《巨大鱷魚》這本書裡使用了很多重複和押韻的詞句，孩子可以朗朗上口，且一再重複。有一個家庭，當孩子問什麼時候可以吃晚餐（這個孩子現在已經是個青少年了）時，仍習慣地引用這本書裡的詞句來回答孩子：

> 它是甘甜美味的，它是最好的
> 它是搗得爛爛的，它是最笨的
> 它比腐爛的臭魚好吃
> 你可以把它搗成糊狀，然後慢慢地品嚐
> 你可以用力嚼它，發出嘎吱的聲音
> 這個聲音非常好聽

適合這個年紀閱讀的很多故事書，都會描述主角受到有邪惡

意圖的人物的危害，這些壞人甚至比自己還要強壯和高大。這樣的情節並不令人訝異。四到五歲的孩子的確會對想像中的怪物感到害怕，也會因為某些真實情況提醒了他們，自己仍是相當的幼小和需要依賴父母的保護，而感到恐懼。還記得在前些章節，我們提到當幼稚園大班的小朋友開始練習在大操場上活動時，他們需要花上多少時間，才會覺得年紀較大的孩童多數是仁慈且不會傷害自己的。

　　有很多孩子無法體認到自己持續的依賴性，因為這讓他們開始擔心失去最需要的人。很常看到小孩想像自己是國王或皇后的遺腹子，這種幻想悄悄地顯露出他們的真實恐懼，害怕有被父母遺忘或拋棄的可能，那麼自己要如何生存呢？有些故事書的主題便是探討這類的恐懼，對孩子是相當有幫助的。我們已經知道《糖果屋》和其他童話故事是如何處理這樣的主題，比較近期的版本則是茱莉亞・唐納森（Julia Donaldson）所著《怪獸古肥羅》（The Gruffalo）這一本令人喜愛的好書，故事描述書裡的主角，一隻小老鼠，在沒有任何外力協助的情況下，如何智取許多比牠要巨大兇猛、一心想把牠吃掉的掠食動物。

　　《怪獸古肥羅》使用押韻的文字，每一頁的文字都相同，除了故事中主角小老鼠在每一頁所遇到的動物名詞被更換外，其餘

貼心小叮嚀

　　繪本是幫助孩童在理解不同的情境，以及不同階段中所遇到的人物時，非常有用的工具書。

都相同。就像《我們要去捉狗熊》的情節一樣，這本書讓對孩子而言是可怕的情境變成是可以控制的。對於文字的熟悉程度讓孩童覺得自己可以面對可怕的事物，不至於逃跑。例如：「一隻小老鼠在森林深處溜達，一隻狐狸看到了小老鼠，覺得牠看起來很美味。」狐狸後來換成貓頭鷹，又換成一條蛇，最後換成是可怕的怪獸古肥羅本人。在《我們要去捉狗熊》裡也運用了一樣的技巧，在每一個頁面的左邊寫著「今天天氣真好，我們一點也不害怕！」而在右邊的頁面則描述著危險的情境：「啊哈！一條河／一團泥漿／一片森林／一個洞穴……」然後，主角體會到必須要面對危險：「喔！不！……我們得要穿過它。」直到全家來到最可怕的危險面前：那隻熊本身。《怪獸古肥羅》不太一樣，因為古肥羅是幻想中的怪獸，在現實生活中突然出現在小老鼠面前，讓故事主角無可避免地一定得面對這個危險。

　　孩子會害怕是因為覺得自己很狂野或是不受控制，會傷害到身邊最親近的人，莫利斯・桑塔克在《野獸國》一書裡清楚描繪了這樣的恐懼，小男孩麥斯很愛惡作劇，惹得媽媽叫他「小野獸」，麥斯回答：「我要吃掉妳。」媽媽便命令他上床睡覺，不准吃晚餐。麥斯利用想像自己是所有野獸的國王——就像在《巨大鱷魚》裡那種虛擬的權力，努力與自己害怕的感覺抗衡。他給予自己能夠安撫和控制野獸的能力，就像爸媽可以命令他回房間一樣地來控制自己。然而，房間也給予了麥斯所需的實際界限，來讓自己冷靜下來，他在現實中是被保護著，而且是安全的，讓

他可以在想像世界裡無所限制地盡情發揮。很清楚地，混亂浩劫最好是發生在心裡面就好，而不是在現實生活中。

不需要太久，麥斯就覺得自己很孤單且肚子餓了，換句話說，當怒氣消除之後，他便可以接受自己最需要的是愛，以及「最愛自己的人」所給予的滋養。麥斯曾覺得自己無所不能，因而不需要母親或父親，但他放棄了這樣的想法，並了解在現實生活中自己仍是一個小男生。

在童話故事中的麥斯，就像所有其他的孩童一樣，需要找到一個方式來控制怒氣和具有毀滅性的衝動，讓自己變得是「有文化教養」的。麥斯比無法控制、亂發脾氣的兩歲小孩要年長點，他開始了解到哪些行為是可以接受的，可以利用想法和想像力讓自己再度回到「文明世界」。

在本章裡所提及的故事都是利用一般孩子會有的恐懼，以及相對應的解決方法，好讓這些事物變得不那麼可怕，這也是為什麼對於幫助孩童在理解不同的情境和不同階段中所遇到的人物時，這些書籍繪本是非常有用的工具書。

爸比媽咪讀故事書給我聽

「大聲朗讀故事給孩子們聽」

同時，它們對父母們也是有助益的，當孩子還是嬰兒，或

是年紀較小的時期，若是媽媽沒有及時和孩子建立起依附關係，我們會鼓勵在這個時候，進行親子共讀，因為所產生的成果令人感到訝異。有一群成長過程中許多經驗被剝奪的媽媽們，她們小的時候，從來沒有人讀故事書給她們聽，我們從這群媽媽身上看到，大聲朗讀故事給孩子們聽，是親子間溝通的一種方式，雖然有些媽媽們不免想起自己小時候，並沒有得到這樣的待遇。另外有一位媽媽，小孩有自閉症的症狀，她發現可以透過書籍繪本進入孩子的世界，即使是常常需要同一本書讀過無數次後，才會達到效果，但這也是她的小孩願意讓她更接近他身體的一種方式。

　　大聲地朗讀故事書給孩子聽，親子分享著特殊的親密感和緊密感。我們多數人都會記得有人唸故事書給自己聽的時刻，無論是在學校，或在家中。有時候為可怕的虛擬故事所吸引著，同時又知道自己身處於安全舒適的環境裡，身邊圍繞著熟悉的事物，也是童年時期快樂的事情之一。

林淵，林柏偉攝影

第五章

孩子的焦慮與擔憂

孩子如何看待「失去」這件事，這是連大人都很難處理好的議題，

對孩子來說，太沉重了。

但人生有得必有失，是每個人都必須面對的課題。

孩子對於爸爸媽媽為什麼不住在一起？老師今天為什麼沒來？

生病會不會死？爺爺去哪裡了？充滿了問號、擔憂與不安。

但孩子往往以生氣和焦慮來包裝失落的情緒，

父母該如何正確地解讀孩子的行為？

過多的擔憂也會影響學習力，形成所謂的學習障礙。

近年來很夯的話題，注意力缺失、過動及高功能自閉症，

在此章中也有描述，幫助父母釐清一些觀念。

如何看待「失去」這件事？

「我希望你不要死掉」

每一次的改變代表著需要拋下某些事物，以便擁有新的經驗。一直到我們探討的這個階段之前，四到五歲的小孩已經要面對相當多的變化，每一個都包含了不同類型的結束和失去。孩子如何處理這樣的失去，完全取決於他們在初期的依附關係中的本質，也就是說，孩子在這方面覺得越安全，也就越能夠理解這些失去和改變，可以讓他在發展上有所成長。或許看待這件事情的另外一種方式，是去了解為什麼有一群四到五歲的孩子有足夠的自信心，對新的事物感到躍躍欲試，而另一群四到五歲的孩子卻對新的經驗感到焦慮和痛苦。如果一個孩子無法確信自己是被愛的，或覺得父母無法給予情緒上的支持（有很多種可能性，如：新生寶寶佔據了爸媽），他們就會覺得改變會引起混亂和恐慌。因而，所有應該用來面對改變的氣力，就會被消耗在處理自己因為成長與改變所帶來的驚慌與可怕的感受上。

貼心小叮嚀

「否認」是處理失去的一個方式，雖然可以藉此避免那些痛苦的感受，但終究不是個好方法。

卡拉，藉由指使其他人來讓自己不致於崩潰的義大利小女生（見第三章），失去了她的國家、文化和語言，以及她所鍾愛的祖父母。但是，最值得注意的是卡拉也失去了可以

貼心
小叮嚀

伴隨失落而來的，
是焦慮和生氣。

在情感上支持自己的母親，因為卡拉的媽媽也是初到陌生的國家，由於語言的隔閡，她無法自在地與外界溝通，因此媽媽同時也在失去她自己的自我認同中掙扎著。否認是處理失去的一個方式，藉此就可以避免那些痛苦的感受。但是，利用這種方法的問題在於，之後一旦有新事物改變或變動，會再度引發因先前尚未處理的失落感受，孩子因此會感覺更不安。「失落所帶來的危機感，伴隨而來的是焦慮和生氣」（Bowlby，1988）。當卡拉對其他孩子頤指氣使的時候，一定也瞇著眼睛、眼神閃爍，流露出生氣的表情。

安格斯，在他四歲的時候，利用對錄影帶的控制來處理生命中的兩大改變（弟弟的出生和開始上全天班）。每天下午，當他放學回到家的時候，便會衝進起居室裡，把自己最喜歡的錄影帶放入錄放影機裡，他會看到某個段落，然後回轉到影片的開頭。他從來不把影片看完，但似乎在他已經熟知的事物裡，以及不需要思考和沒有衝突（或解決方案）的環境當中找到安撫。他記得影片中的每一個字，會隨著影片情節發展做出動作、說出台詞。他模仿錄影帶的情節，以確保不會再有令人討厭的驚喜出現。重複每一個字句和動作，讓安格斯感覺到事情是在可控制的範圍之內。當享受了足夠的重複，他便把錄放影機關掉，自己創造一個結尾。若是安格斯會冒著風險用新創的方式使用文字，也就是和生活中真實的人物，例如自己的媽媽，進行一段對話，他就不可

能預測或控制對方的反應。這樣就會讓安格斯了解到自己的不同和與媽媽之間的差異，自己與媽媽已經分離成兩個不同客體，以及他對事情的變化是沒有自治權的。在把影片看了十到十五次之後，安格斯會蜷曲在沙發上睡著——這看來是他管理和控制事物的方式，必須是他可以接受與忍受的範圍內——很明顯地，安格斯還在一個無法忍受任何形式的結束的階段中。一直到這個錄影帶因為重複使用太多次而損壞，安格斯才會放手，換一個片子，偶爾還可以不太焦慮地把新的錄影帶看完。

爸媽為什麼要分開住？

有時候家長認為四到五歲的孩子還太小，不會被失去或改變所影響。很自然地，大人們因為想要保護孩童，沒有解釋全部的事實狀況，然而，孩子們自行想像的痛苦變化或結果，往往比事實要來得更糟糕，或更加可怕。

沒有人告訴丹尼，他的父母親已經分居，只說他和媽媽要搬去跟外公外婆住一段時間，外祖父母的家在丹尼居住的村莊的另一頭。丹尼對這件事情相當興奮，前幾個星期都玩得很快樂，外公外婆對他非常寵愛。直到過了很長的一段時間以後，丹尼才開始問父親在哪裡、什麼時候會再見到爸爸。媽媽還是無法把事實對丹尼全盤托

貼心小叮嚀

有時大人為了保護小孩，而沒有告知事實，反而造成孩子的胡思亂想。

出，直到有一天出現了一個契機。丹尼在當地小學登記入學，開學前，媽媽帶他去學校認識新老師和同學。這時候是學期中，丹尼並不笨，他知道去學校的目的是去上課的，這不再是個假期，他持續問跟爸爸有關的問題，直到媽媽放棄堅持，並告訴丹尼，他們要和外公外婆住在一起，而媽咪和爸比以後都不會住在一起了。媽媽一剛開始無法理解當丹尼聽到這個消息的最初反應，直到後來，媽媽才發現丹尼以為父親去世了，她是因為太過悲傷才無法告訴自己這個事實，因為丹尼曾發現媽媽和外婆竊竊私語，而且在自己出現的時候，突然停止她們正在討論的話題。一旦丹尼發現，他還是可以看到爸爸，而且當一切都安頓好以後，也可以和爸爸一起度過週末和假期，他大大地鬆了一口氣。

老師到哪裡去了？

　　奇怪的是，和孩童們一起工作的老師和專業人士，通常都對於要告知孩子「自己即將離開他們」這一件事情，感到非常困難。他們都傾向在最後一刻才宣布自己下一個學期不會繼續留在該機構中，讓孩子們完全沒有機會準備，或適應這個失去。大人們總是有藉口以避免痛苦的感受，短期而言，忽視或是不把重要的轉變當作一回事，看來是比較容易的，或是以為不用正式的道別就偷偷溜走所造成的傷害會比較輕微。但孩子們會誤認為，是因為這些事情太可怕了，所以不能討論。相較於知道某件事物會有所變化，並能夠準備好面對改變，一個未知的恐懼更會增加孩

子的焦慮。

　　有一天，一個小學附屬幼稚園大班的班導師請了一天假，卻造成班上同學的焦慮恐慌。這個班級有一個習慣，在下午開始上課的時候

會跟老師說：「午安，萊特老師，我愛妳，希望妳今天過得很好。」或其他的句子：「希望妳今天不會變成一條蛇／一隻蝸牛／一個機器人……」萊特老師會用和藹、詼諧的語氣回答他們。但當她因為生病而缺席一天的時候，班上的孩童們利用一種特殊的方式來表達擔心，他們跟代課老師說「希望妳今天不會生病／不會死掉／不會變成骷顱頭」之類的話語。當萊特老師回來上課的時候，孩子們表現得異常聽話、溫馴，最多只是簡單地說他們愛老師，希望老師早日康復。接下來的一個星期，他們又恢復到原來的本性，下午上課前打招呼用的詞句越來越詭異，例如：「希望妳不會變成一輛賽車。」當然你無法事先預告孩子們自己要生病，但我們知道孩子會用什麼樣的方式來表達他們的擔心。

親人去世

　　對多數的四、五歲孩子而言，應該是比較不可能在這個階段就失去親人，但也是有發生的可能性。萬一有了這樣的改變，或許就需要專業人士的幫忙。舉例而言，不該期望一個母親同時處理自己因失去孩子或伴侶的悲傷，還要同時去同理其他活著的孩

子的沮喪感。在面對這類情況時，孩子本身可能就有很強烈的愧疚感、怒氣和悲傷，需要藉由對家中以外的其他人訴說，以排解發洩這些情緒。

　　如果孩子在協助之下，對於失去的關係能夠保有一段美好的回憶，且不需要將這段關係從心中抹去，也不需要假裝這段關係從來沒有存在過一樣，他就可以繼續向前，充滿自信和希望地接納新的關係。

學習障礙怎麼來的？

「這個很難想」

　　一個過於關心家中問題的孩子，心中將無法有足夠的空間來容納新的事物。他會在面對學習時感到有一種困難。如果一個孩子心中充滿了對自我生存的疑慮，或擔心身邊親近家人的生存（我指的是心理層面，而非現實生活中），他會專心地努力讓自己處於受保護和安全的狀況中，如此一來，心中就不會有足夠的空間給予心智活動來進行學習。從生理學的角度來說，會啟動「戰或逃」的機制，孩子會為了保護自己不受到想像中的攻擊，因此在下一次換自己主動攻擊或退縮逃

貼心
小叮嚀
　　擁有生氣的感覺是無害的，這些情緒不見得要轉換成生氣的行為。

避，兩者之間選擇其一。

這可以由艾洛的案例看到，一個不愛說話的四歲男孩。他似乎對媽媽的情緒狀況相當關心，無法忍受任何沒有看到媽媽的時刻，部分

> **貼心**
> **小叮嚀**
>
> 當孩子過於專注家中問題時，他的學習力就會產生問題。

是因為他無法想像，要是沒有媽媽自己可能無法堅強地活下去。每當媽媽來接他的時候，無論什麼時候，只要發現媽媽手上或腳上有個小瘀青或小割傷，都會讓他忍不住地哭出來。艾洛利用這樣的絕望來表達自己的憂慮。任何讓媽媽受傷的跡象都是不能夠忍受的，且讓他更加堅信自己最擔心的事情終於要發生了。但艾洛也確信，若是自己開口說話，從口中說出來的話語會太過於暴力和具有毀滅性，也會對媽媽造成無法彌補的傷害。艾洛真的會在口中塞滿沾了水的衛生紙，以免話語從自己口中逃跑，同時，也把玩具鱷魚的嘴巴用紙張塞住，並且用手箍住鱷魚嘴巴不讓它說話。當艾洛最後把鱷魚嘴巴裡的紙張清除之後——不是他自己嘴裡的——還拿著鱷魚在房間裡咬爛、撕壞所有看得到的物品。

艾洛需要專業人士的幫助來協助他將行為、想法和語言分開，並告訴他擁有生氣的感覺是無害的，這些情緒不見得要轉換成生氣的行為。一旦他想清楚了這個邏輯，便可以冒險開口說話，尤其是表達自己「對你非常生氣，我恨你」，並不會發生任何悲慘的後果。艾洛發現可以討厭一個自己同時也很愛的人，而且這樣還是安全的。一旦經歷過這些事情，他便可以把注意力轉

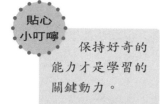

移到別的事物上，並開始學習的過程。

　　艾洛是屬於比較極端的案例，認為想著某件事情，尤其是不好的事情，就代表著去執行這個行為。很多四歲的孩子對於想著不好的事物會感到害怕，就好像他們想像大人能夠看穿自己的心思，因而為了這些壞事而處罰他們，或者自己會讓可怕的事情在現實生活中發生。四歲的孩子還是可能混淆想像世界與現實生活，分不清前因和後果。

　　莎拉相信只要自己夠專心，便可以神奇地讓還是嬰兒的妹妹睡著。她常常在妹妹喝過奶、覺得昏昏欲睡的時候馬上這樣做，但她沒有聯想起這兩者之間的關連，莎拉猜對了結果，卻混淆了造成這樣後果的原因。當然，這當中也隱藏了莎拉對可以得到媽媽乳汁的貝比的敵意。利用「讓貝比睡著」，莎拉可以擺脫妹妹，且奪回媽媽對自己的注意力。羅德‧達爾非常擅長發掘孩子所相信的事情，他創造了許多神奇地可以僅僅利用想法，便改變事情發展的英雄或女英雄。在《魔指》（Magic Fingers）一書當中，一個擁有「魔指」的女孩，只要輕指任何東西，就可以隨心所欲地有所改變。而在《瑪法達》（Matilda）書中的小女生，則是運用念力來擺脫校長和其他可惡的人物。

　　小孩以為自己可以施展魔法，光用想像就能改變事情，到了五歲的時候，這樣的信念便會徹底動搖。部分是因為學校世界裡，孩子會一再地在現實生活中測試這樣的能力，但很快就會發

現有些事情是自己無法控制的，無論多麼希望，也無法像變魔術一樣讓討厭的人憑空消失。

學習困難vs.情緒問題

有很多種原因使孩童無法達到可以開始學習的狀態，同樣地，也有許多因素使孩子需要協助來解決情緒上的問題，以便開始進入較正式的學習過程，例如：讀寫。針對這點，葛拉漢的案例是較為特別的。葛拉漢再過幾個月就要過六歲生日了，但他沒有一點時間的概念。葛拉漢曾經是個受虐兒，被帶離開親生的母親，並留宿過許多寄養家庭，在這些地方，他從不知道別人是否真的想要自己，不知道自己到底要在這個地方停留多久。他不知道一個星期有幾天，也不知道自己幾歲。只要提到和時間相關的事物，他馬上就會發狂、生氣。他沒有辦法忍受同時討論過去、現在與未來，因為在他短短的生命當中充滿了暴力和不確定性。如果葛拉漢讓自己了解時間的話，就會暴露於痛苦的經驗之前，這些經驗包括過去媽媽無法在他小時候好好保護他，而未來的寄養家庭也不想留下他直到他長大。

在為期一年的諮商當中，主動表示願意照顧葛拉漢的阿姨和葛拉漢本人，透過專業人士的協助建立起互信的關係，一旦葛拉漢相信阿姨是真的愛他、願意永遠照顧他時，他先是注意到一週有哪些天，然後慢慢地主動談起過去發生的事件；接著他可以規畫近期的未來，然後是一年之後，甚至是兩年以後的事情。當葛

拉漢搞清楚時間的概念之後，他便可以開始學習讀寫了。

　　這個案例顯示情緒因素可以對學習過程造成多麼巨大的影響，同樣地，在這兩者之間可以有如此戲劇化的轉移。絕大多數的孩子都很幸運，從過去、現在到未來，都可以跟父母或主要照顧者分享彼此的生活，因此可以連結過去與現在的經驗，並形成知識的基本架構。家長是了解孩子想要傳達訊息的最佳人選，因為父母一直以來都參與了這個孩子的生活。當這些都到位後，孩童們便可以開始進行智力上的發展。

　　大多數的孩子都處於兩種情況之間，一是極端如葛拉漢和他的家庭，另一則是一切都順利發展的家庭。在家中出現問題狀況的孩子，在開始上學的時候會展現出兩種不同的行為，一種方式是愛搞破壞，期望得到他人的注意力——對這些小孩而言，寧願得到的注意力是負面的，也不願意沒有人注意到他。另一種方式則是退縮，或越來越不敢提出要求。然而，就像我們在第二章介紹的阿奇，是班上的麻煩製造者，但老師在這當中扮演了極為重要的角色，她給予孩子「擁有機會對其他可能性寄予期望」（Greenhalgh，1994）。安靜順從的孩子往往都會遭到遺忘，雖然，只是因為這類型的小孩不會對所有事情都小題大做地大驚小怪。很容易理解，當一位老師要管理一個班級二十五位學生時，那個愛捉弄班上其他同學的吵鬧小孩，就會獲得老師的注意力。老師們必須要夠敏銳才能發現孩子無法用言語表達時，是否表示這個孩子遭遇到了困難。

當學習碰到挫折時，該怎麼辦？

　　學習一個新技巧的過程當中，難免會遭遇到一些挫折。當孩子發現自己無法馬上掌控某些新的事物時，孩子如何應對這樣的狀況，會對他未來的學習產生影響。有些覺得絕望、想要放棄；有的則是會利用操縱這件事物來掌控這種處境；必較幸運的處理方式是孩子能夠依然對新的事物持有一種好奇心，這種態度可以讓他們抱持著可以解決問題的希望來面對困難。孩子若能經歷越多從挫折當中學習成長的經驗，就不會逃避去面對新事物時無可避免會發生的挫折，或是試著全面性地避免挫折的發生。

　　從挫折當中學習，我所指的是，例如嬰兒肚子餓的時候，若是不能馬上得到母奶，便會開始想像自己永遠都得不到了，這便是思考過程和想像的開始。一個從未遭受挫折的嬰孩，比如還沒覺得肚子餓之前，就得到了母奶，便不需要進行思考和想像的工作；相反的，一個總是遭到忽略和餓肚子的嬰兒，則會因為太過於焦慮而無法進行任何心理層面的運作。你也可以在四歲的孩子身上看到：在面對新的事物時，那些在過去遭受太多挫折的，很容易就絕望地放棄，而那些自身需求太快就被滿足的孩子，則會利用一種自以為無所不能的態度來處理，並完全略過等待和挫折的過程。一個五歲半的小男生，讓老師非常傷腦筋，這個男孩非常聰明，但在閱讀和書寫上卻落後其他人一大截。深入了解才發現，原來他認為自己不需要下任何的功夫就可以「知道」所有的事情，就像他認為爸爸小時候也是利用這樣的方式學習的。

　　四到五歲的孩子其實和大人所差無異。我們都希望避免在不確定當中掙扎、在挫折中生氣。每個人都希望能在最短時間內得到簡單的答案。但是保持好奇的能力才是學習的關鍵動力。潔西卡對於自己，甚至是媽咪和外婆，是怎麼來到這世界感到困惑，便是一個很好的案例，她說：「這件事情真的很難搞清楚。」但潔西卡仍繼續試著解開這個疑問。蒂娜便不是這樣想，她決定不靠任何人的幫助，自己就可以生一個小貝比（參考第三章）。

▍生病造成的恐懼和憂慮

「是我害他生病的」

　　剛滿四歲的強尼最近開始上幼稚園，但因為包皮過緊需要住院進行包皮切割手術。媽媽對於這件事情可能會對強尼造成的影響非常敏感，但他的哥哥休卻不停地捉弄弟弟，跟他說他的小雞雞就要被切掉了，讓強尼的恐懼感倍增。媽媽需要不停地向強尼保證事情不會像哥哥說的那樣。強尼的爸爸也搧風點火地大聲表示，懷疑自己是不是想要有個兒子進行割包皮手術，只因為醫療的需要，而不是宗教的原因？手術之後，兒子的自我認同又會是什麼？像這樣的一個手術讓家中的男性備感恐懼，強尼媽媽成為唯一能夠用不同角度看待這個事件的人。在這樣的狀況當中，年紀較大的手足可能會表現得特別殘酷，或許是因為這會引發他們

對才剛剛形成的自我認同產生懷疑。這個時候，強尼特別需要爸爸來幫助自己確認，即使有部分的身體被切除也不會讓他減少絲毫男子氣概，而跟爸爸或哥哥有所不同；偏偏此時父親卻和哥哥站在同一陣線上一起取笑他。

　　醫院裡有一位遊戲治療師來幫助強尼了解手術的進行，以及術後他會有哪些感受。強尼可以利用男生娃娃和泰迪熊來「進行」手術，而這些讓他的心思平靜緩和許多。在這之後，他的哥哥還繼續捉弄了他一段時間，而父母則拒絕加入哥哥的行列，因此這件事情便逐漸被遺忘。

　　若生病的是父母親，則會引發完全不同的情緒。當家長因為本身的因素而無法注意到孩子在生活當中的變化時，這個正在與學校和外界世界奮戰的四到五歲孩子，便會呈現不穩定的狀態，要是發生了這種狀況，孩子需要一個直接且容易理解的解釋，告訴她／他發生了什麼事情，未來這些事情都會恢復原狀。我想起一個父親，當他在小兒子羅休四歲、大兒子七歲時，患有嚴重的臨床憂鬱症狀。自然地，媽媽的心思都放在擔心先生的健康狀況上，注意力也從小孩轉移到先生身上。大家本來以為四歲的孩子不會發現父親有什麼異狀，因此沒有告訴他實際狀況。相反地，大人們對七歲的哥哥解釋發生了

貼心小叮嚀

當家中發生變故時，請告訴孩子並向他保證一切都會好轉的，否則他會運用想像力，將一切責任都歸於自己。

什麼事情、未來事情會漸漸好轉，因此他對爸爸的情況有較多的了解。在學校裡，羅休變得沉默、退縮，偶爾在奇怪的時刻放聲大哭。一直到學校老師察覺異狀，要求與家長會面，媽媽才理解到這件事情對於孩子的影響。知道當家中每個成員的日常行為有了變化，孩子們會感覺到多麼害怕，尤其是當自己身為一個母親，卻不再對孩子的發展成就感到有興趣時。

　　如同之前提到的，當一個孩子無法理解正在發生的事物時，若是沒有人跟他們解釋為什麼、到底發生什麼事情時，孩子會用自己的方式來合理化事情。相較於其他可以得到某種合適程度解釋說明的孩子，這些孩子們思考的結果通常與事實相差十萬八千里，而且是很糟糕的想像和恐懼。羅休責怪自己讓爸爸生病，也認為媽媽覺得是他讓事情發展到這樣的地步，因而生氣到不再愛自己了。在這個年紀的孩子會把家中的厄運怪罪在自己身上，因為他們對於之前對家長可能產生的恨意和憤怒感到有罪惡感——就像我們之前看到的，普遍而言，這個年紀的孩子仍相信自己擁有神奇魔法，僅利用念力想像便可改變世界。家長的職責有一部分是要能夠經得起孩子憤怒情緒的衝擊，當父母生病的時候，無可避免地，孩子很可能會覺得爸媽無法承受自己的憤怒情緒。

我的孩子跟別的孩子不一樣，是有問題嗎？

「長大就會好了嗎？」

有的時候，孩子會開始表現出某種行為，顯示生活可能不太順遂。尿床、食慾不振、夜驚和持續的焦慮狀態都是清楚的警示，表示孩子的生活中出現了某些差錯。這些可能來自於一件顯而易見的不幸遭遇，就像我們剛剛討論的案例一樣。但有時候，不見得是由某單一事件所引起的，孩子就僅僅是很明顯地表現出不快樂的樣子。

越來越多的證據顯示，即使是四歲年紀的小孩，也會有情緒憂鬱沮喪的現象。被診斷出具有注意力缺失症（ADD, Attention Deficit Disorder）和注意力缺失過動症（ADHD, Attention Deficit Hyperactive Disorder）的孩子數目也顯著上升。越來越多在溝通上有困難的孩子，現在被歸類於自閉症系列中的「語意語用障礙」（Semantic Pragmatic Disorder），這是一個較新穎的名詞，用在描述屬於自閉症系列高功能類型、且溝通上有困難的孩子，包括學習書寫和閱讀，以及與他人的社交互動。

貼心小叮嚀

所有擁有自閉症症狀的孩子都有溝通上的困難，但並不是所有在溝通上有困難的孩子都是自閉症兒。

　　沒有人知道擁有心理健康問題的孩子，在數量上的增多是否真的代表此類困擾的增加，或僅是因為人們對相關訊息的悉知程度增加，而使得診斷的年紀也越來越小。常常在很早期就發現孩

> 貼心
> 小叮嚀
>
> 「沒有用的」罪惡感是沒有任何助益的；相反地，「有用的」罪惡感可以幫助父母利用不一樣的方式來處理事物。

子的表現有所異樣的家長，得和醫療專業人士抗戰，才能讓小孩得到診斷和治療，並獲得不同資源的協助。當家長焦慮地帶著孩子前往就醫，但小兒科醫生卻表示這些都是無謂的擔憂而已，若遇到這樣的遭遇，家長一定會感到相當的氣餒、無助。瑪莉就是如此，醫師說她那非常害羞的四歲兒子，應該「長大後可能就會好一點」。當然，有時候父母的直覺是正確的。現在有很多的成人回想起童年時期，發現自己和其他小孩不一樣，但一直到二十多歲之前，也沒有得到任何的診斷和治療，尤其是具有亞斯伯格症狀，或是高功能自閉症症狀的孩童。

　　感謝馬克‧海登（Mark Haddon）的暢銷書《深夜小狗神祕習題》（The Curious Incident of the Dog in The Night-time），讓我們現在對亞斯伯格症狀有更多的了解。這本書裡的主角小男孩便是一個符合「主動但怪異」（Wing，1996）的亞斯伯格症狀孩童的絕佳案例。這些孩子不會注意到說話對象的感受和需求，而且對如何與其他人互動相處的理解相當少。嚴重的，甚至會表現出其他人並不存在的樣子。他們通常會避免眼神的接觸，而是

看向遠方，好像看穿你，或是越過你望向別處。這些孩子似乎與外界斷絕了關係，活在自己的世界裡。

所有擁有自閉症症狀的孩子都有溝通上的困難，但並不是所有在溝通上有困難的孩子都是自閉症孩童。這當中可能有隱藏的因素，是醫療上的，也有可能是心理上的。先前提過的一個案例，一個不願意開口說話的四歲小男孩，因為他相信，一旦開口，從他嘴巴裡冒出來的話語會傷害到媽媽。

然而，不可否認的是，小孩會覺得未知的事物所帶來的不確定是難以忍受的，大人也一樣，尤其是當他們確信孩子是真的有問題的時候，在這樣的狀況下，以診斷為名的標識可以讓家長放心許多。所有的事情都逐漸明朗，過去一、兩年內所發生的偏差行為都可以得到解釋。「現在我知道她為什麼會這樣了。」一位母親像得到解脫般地這樣高喊。然而有的時候，診斷的結果不見得是受到歡迎的，或甚至是錯誤的，就像瑪格麗特所相信的。瑪格麗特和先生帶著四個小孩剛搬到美國，學校的心理師為五歲的兒子喬治做過測驗之後，建議讓他服用利他能（有注意力缺失過動症狀的病人所服用的藥物），讓他冷靜穩定下來。瑪格麗特一直認為，就算愛吵鬧，喬治仍是個非常健康的孩子。更幸運的是，身為瑪格麗特的第四個孩子、又是第三個兒子，對喬治有很大的助益。因為她在帶大其他孩子的過程中有相當豐富的經驗，非常清楚什麼是「正常的」。

然而通常很難在兩者之間取得平衡，一是正確診斷出明顯

需要醫療介入的孩子，另一是像喬治一樣，他的「調皮搗蛋」和無法專注的問題僅是暫時的，絕大部分是因為他根本不想搬到美國，也不想離開家族和朋友。喬治對生活中的所有變化，感到難以適應。

最後，再稍微說明覺得有罪惡感是多麼容易的一件事：家長是第一個會因為孩子而怪罪自己，無論是因曾經為孩子做了什麼，或是沒做到什麼，且當孩子爾後開始發展出令人擔憂的行為時，父母的罪惡感會更加深重。就如同大家常說的那句話：「母親總是備受責難。」一個確定的診斷可以幫助家長減少罪惡感，更能專注在孩子身上，幫助他們解決問題。「沒有用的」罪惡感是沒有任何助益的；相反地，「有用的」罪惡感可以幫助我們在下一次利用不一樣的處理方式來看待事物。

鄭瑀凡，林婉華提供

鄭瑀凡，林婉華提供

第六章

教養孩子要像放風箏一樣

不要要求我做我做不到的事情
只可以要求我做我可以做的事情
不要要求我成為我不可能成為的人物
只可以要求我成為我自己原來的樣子

不要一下子說「你長大了」
一下又說「那對你來說，你年紀太小」
請不要要求我達到我無法達到的境界
請為我現在呈現的樣子感到高興

——海文・歐瑞（1993）

給孩子明確的界限

「好吧，我想你可以」

在這個年紀的孩子，都需要家長或老師在不太過嚴厲之下，替他們畫出界限。在學校裡，孩子可能因為要和其他的「手足們」分享一位老師的注意力，為了要爭取老師對自己的關注，而排擠其他同學，有時是偷偷摸摸的，也有的時候是光明正大的。無論是什麼原因，若是決定睜隻眼閉隻眼地看待這件事情（沒有人會否認忽略某些侵略性行為，甚至暗自希望這個行為自動消失不見，其實是比較容易的），孩子們會以為不需要為自己不好的所作所為負責任，或是家長、老師害怕設下界限，讓孩子誤以為大人們同意自己這樣的作為。這會讓孩子們覺得自己更有能耐、更為蠻橫專制，這種方式對於孩子在未來面對自己具有毀滅性的一面時，並不會有任何的幫助。

曾經經歷過這種狀況的孩子，會一次又一次不停地測試大人的極限，因為在現實當中，他們會害怕自己竟然可以有如此專橫能力。「若沒有給予孩子適當的界限，他們便會自行尋找」（Casemen，1990）。大人們若能在不斷的測試下仍堅持界限所在，就會讓孩子了解到，這些情緒感受是可以被接受和被了解的。我們常常看到，當大人對孩子某些無法接受的行為很堅決地說：「不可以！」並且不帶有任何情緒上的威脅時，孩子其實會有鬆了一口氣的感覺。

　　有時候說比做要容易，我們看過有些母親覺得拒絕孩子，讓他們遭受挫折，是非常困難的，或是她們比較喜歡擔任仁慈友善、給予的那一個角色，而不是設下規則的那個人。珍妮，是四歲傑克的媽媽。珍妮覺得自己的媽媽在她四歲的時候非常嚴格，會動不動就懲罰自己，因此她決定要做一個跟母親完全不同類型的媽媽，避免變成像自己的媽媽那樣的母親，直到傑克的妹妹出生，她發現傑克會攻擊妹妹。珍妮一方面想要保護妹妹，但這又和她想要扮演一個慈愛的母親的冀望背道而馳。她也驚訝地發現自己小時候的恨意和怒氣，而傑克可能也發現這點，他感到更加害怕。珍妮藉由否認自己和傑克的生氣感受來處理這些困擾自己的情緒，但傑克的反應卻是變得更可怕和難以控制，他相信這些情緒感受是無法忍受且無法控制的。當孩子在面對一個只表達關愛的母親時，會幻想只有自己一個人要獨自承受所有的負面情緒，因此害怕自己是一點也不被喜愛的。常常只有從精神分析的概念才能讓人們驚訝地明白，原來憎恨是可以被接受的。父母給予的關愛，也需要包含某種程度的恨意，才能讓孩子在現實生活當中融合這兩種感受。否則，孩子只會懷著憎恨，爾後可能將這個恨意抒發在不對的地方，就像之前案例中提到的傑克一樣。

　　當珍妮生第二個小孩時，這個過程使她回想起小時候，因為排行老大，面臨弟弟妹妹出生時的感受，讓她覺得特別脆弱，而當時這些感受並沒有獲得妥善處理。這個狀況喚起了當珍妮還是嬰孩時的嫉妒和生氣感受，且都是她長久以來試著隱藏的情緒。

在這樣的情況下，現在珍妮要如何表現出一個成人應有的所作所為呢？傑克是幸運的，有父親介入這個狀況，且將注意力放在傑克身上，此外還有學校老師，在發現這樣的情況後，以堅定且理解的方式容忍他的怒氣。

> **貼心小叮嚀**
>
> 在這個年紀，孩子慢慢開始經歷一些無可避免的失望，不是來自母親，就是其他的成人，這是一種成長。讓他們逐漸認清自己不是無所不能的，對將來目標的設定，比較會考慮到本身的能力，而不致眼高手低。

　　陶比和夏綠蒂（先前提到兩次的姊弟，第一次是描述他們的爭吵，第二次則是討論他們在性別上的不同），他們的媽媽凱倫非常善於控制和激勵孩子的智力發展，但遇到心理層面的界限時，她卻放任孩子們，因此他們常常冒著傷害自己和對方的危險。此外她也無法控制孩子們看電視的時間，只是常常抱怨他們看太多了。當陶比拿著電視遙控器時，只有父親可以在不完全動怒的狀況下讓他交出遙控器。凱倫有一部分的問題是，她想要避免任何會引起爭執、生氣的狀況，但這會造成一定程度的困擾，到底是誰擁有控制權，又是誰該拒絕誰？

　　陶比對於不同的事物擁有相當多的知識，遠遠多於一般四歲的孩子，但他似乎是利用了解事物來感覺自己擁有可以控制外在世界的能力。這並不是在情緒層面上理解一項事物，反而是因為母親沒有給予明確的界限，讓他需要利用這樣的方式來掌控自己

的焦慮。為了取悅母親，陶比致力在媽媽認為最重要的學識成就上發展。然而，在為陶比提供另一種不同的界限時，或許也需要涵容他面對困難的情緒感受。

　　一個典型的例子是，有一天陶比在廚房的窗台上看著碗裡的黃水仙花，媽媽走進廚房給他一塊巧克力餅乾，陶比拿過餅乾後很快地塞入嘴中，跟媽媽要下一塊，此時媽媽說：「我們很少吃兩塊餅乾的，不是嗎？」陶比抗議著，臉因為生氣開始漲紅，「好吧。」媽媽說道且把盤子遞給陶比，他偷偷拿了兩塊，母親對此也沒有說什麼。陶比轉過頭去繼續看著黃水仙花，並逐一說出花每一個部位的名稱，「它越長越大，」他說道：「從冬天到了春天，這個是它的莖，」他輕撫著黃水仙的莖部，繼續說：「這些是花瓣……一共有五片花瓣……一、二、三、四、五……這個是花苞。」我認為陶比這個行為顯示，在看到自己沒有止境的需求和貪婪時，他是多麼害怕，而母親卻無法阻止或是限制自己。或許陶比的罪惡感讓他想要展現自己在知識上的能力，以此安撫母親。

　　在這個年紀，孩子慢慢開始經歷一些無可避免的失望，不是來自母親，就是其他的成人，這會讓界限慢慢地越來越具體化。孩子之前對於自己是無所不能的認知，會轉變成更為實際和可以達成的目標。

適時放手，讓孩子獨立

不要一會兒說「你長大了」，一會兒又說「那對你來說，你年紀太小了」

若要讓孩子準備好脫離依賴的枷鎖，他們需要擁有一位母親或主要照護者，在整體上可以涵容他們的焦慮，以及帶來一種被放在心上關心想念的經驗。換句話說，一位情緒上體貼的母親或是照護者，會對自己的孩子感到好奇，一直到孩子們準備好且足夠成熟到對自己感到好奇為止。孩子便是從此開始發展思考和學習的能力，首先是在家中，之後到了學校展開正式的學習過程。但是，就如同我們看到的，就算是四到五歲的孩子，當承受了太多無法名喻的強大情緒感受時，也會退縮回到嬰孩時期的行為。在這種時刻，孩子便需要一位母親能夠替他們思考，直到他們再次準備好自己執行這個動作。

貼心小叮嚀

對這個年紀的孩子們來說，最重要的一件事是感受到母親的心裡有自己的位置，在這個位置上，他感覺到自己是被理解的，恐懼是可以說出來和得到處理的。

或許對這個年紀的孩子們，最重要的一件事是感受到母親的心裡有一塊自己的位置，在這個位置上，他感覺到自己是被理解的，恐懼是可以說出來和被處理的。然後，孩子便可以將這個在某人心中佔據一個位置的感

覺轉化到老師或同學身上。然而，
更重要的是，在自己心中發展出一
塊位置，以便進行思考。尤其是當
他們在除了母親之外，生命中其他
重要他人眼中，看到所反射出的自

我形象，他們對於自己和家人不同卻又緊緊連結在一起的身分認
同會日漸堅固。

　　孩子們會發展出較為深入的友誼，可能還有機會和其他的小
朋友一起在外面過夜，現在這時候的孩子可以應付與父母分離的
情況，不會感覺到太多的焦慮。分享想像的內容和假裝遊戲在親
密的友誼中扮演很重要的角色，可以增加親密感，並對不同意見
發展出新的處理方式。

　　接下來的幾年稱為潛伏期，大約是從五歲到十一歲或十二歲
之間，也就是孩子就讀小學的階段。潛伏期指的是，孩子一直以
來所懷有的熱情會沉寂一陣子直到青春期來臨，在這段時期的發
展較為緩和是有很好的理由的，這樣一來，孩子們就可以將精力
專注於課業學習和社交互動上。每一項新的技能，從自己綁鞋帶
到學會讀寫，都是重要的成就，並且更加讓他們確定自己是可以
掌握世界的。

　　你的孩子也會如此，在擁有運氣和關愛之下，邁向第六個生
日，充滿自信地向外探索。他們會有所轉變，從對家長的混亂感
受，到對於其他不斷組合和結合的事物感到好奇。孩子想要知道

父母房門後發生了什麼事情——那些他猜想不到的事情，那些自己被排除在外的事情——這樣的冀望會慢慢消失減少。壓抑住對於兩性之間的好奇心，可以讓孩子更專心地面對在自己生活當中所發生的刺激驚奇和有趣的事物。這是學習了解外界世界，並從自身經驗當中學習的時候。

愛他就去了解他

給父母親的緊急通知

不要要求我做我做不到的事情
只可以要求我做我可以做的事情
不要要求我成為我不可能成為的人物
只可以要求我成為我自己原來的樣子

不要一下說「你長大了」
一下又說「那對你來說，你年紀太小」
請不要要求我達到我無法達到的境界
請為我現在所呈現的樣子感到高興

　　　　　　　　　　　　——海文・歐瑞（1993）

林淵．林柏偉攝影

國家圖書館出版品預行編目（CIP）資料

3-5歲幼兒為什麼問不停？／露薏絲‧艾曼紐（Louise Emanuel），
萊絲莉‧莫羅尼（Lesley Maroni）作；楊維玉譯.
-- 初版. -- 臺北市：心靈工坊文化, 2012.05
面； 公分.-- （了解你的孩子系列）
譯自：Understanding your three-year-old；Understanding 4-5-year-olds
ISBN 978-986-6112-42-3（平裝）
1.育兒　2.親職教育　3.兒童心理學

428　　　　　　　　　　　　　　　　　101008343

Grow-Up　　009

3-5歲幼兒為什麼問不停？
Understanding your three-year-old
Understanding your 4-5-year-olds

作者—露薏絲‧艾曼紐（Louise Emanuel）
　　　萊絲莉‧莫羅尼（Lesley Maroni）
譯者—楊維玉
審閱—林怡青

出版者—心靈工坊文化事業股份有限公司
發行人—王浩威　諮詢顧問召集人—余德慧
總編輯—王桂花　特約編輯—謝碧卿　美術設計—黃玉敏
通訊地址—106台北市信義路四段53巷8號2樓
郵政劃撥—19546215　戶名—心靈工坊文化事業股份有限公司
電話—02）2702-9186　傳真—02）2702-9286
Email—service@psygarden.com.tw　網址—www.psygarden.com.tw

製版‧印刷—彩峰造藝印象股份有限公司
總經銷—大和書報圖書股份有限公司
電話—02）8990-2588　傳真—02）2990-1658
通訊地址—241台北縣新莊市五工五路2號（五股工業區）
初版一刷—2012年5月
初版四刷—2019年12月　定價—300元
Understanding your three-year-old
Copyright © The Tavistock Clinic 2005
Understanding 4-5-year-olds
Copyright © Lesley Maroni 2007
All the translations are published by arrangement with Jessica Kingsley Publishers Ltd
Complex Chinese Copyright © 2012 by PsyGarden Publishing Company
All Rights Reserved

心靈工坊 書香家族 讀友卡

感謝您購買心靈工坊的叢書，為了加強對您的服務，請您詳填本卡，
直接投入郵筒（免貼郵票）或傳真，我們會珍視您的意見，
並提供您最新的活動訊息，共同以書會友，追求身心靈的創意與成長。

書系編號—GU 009　　　　　　　　書名—3-5歲幼兒為什麼問不停？

姓名＿＿＿＿＿＿＿＿　是否已加入書香家族？□是　□現在加入

電話（O）＿＿＿＿　（H）＿＿＿＿　手機＿＿＿＿

E-mail＿＿＿＿　　　　生日　年　　月　　日

地址 □□□＿＿＿＿＿＿＿＿＿

服務機構（就讀學校）＿＿＿＿　　職稱（系所）＿＿＿

您的性別—□1.女 □2.男 □3.其他

婚姻狀況—□1.未婚□2.已婚□3.離婚□4.不婚□5.同志□6.喪偶□7.分居

請問您如何得知這本書？

□1.書店 □2.報章雜誌 □3.廣播電視 □4.親友推介 □5.心靈工坊書訊
□6.廣告DM □7.心靈工坊網站 □8.其他網路媒體 □9.其他

您購買本書的方式？

□1.書店 □2.劃撥郵購 □3.團體訂購 □4.網路訂購 □5.其他

您對本書的意見？

封面設計	□1.須再改進	□2.尚可	□3.滿意	□4.非常滿意
版面編排	□1.須再改進	□2.尚可	□3.滿意	□4.非常滿意
內容	□1.須再改進	□2.尚可	□3.滿意	□4.非常滿意
文筆／翻譯	□1.須再改進	□2.尚可	□3.滿意	□4.非常滿意
價格	□1.須再改進	□2.尚可	□3.滿意	□4.非常滿意

您對我們有何建議？

＿＿＿＿＿＿＿＿＿＿＿＿＿＿＿＿＿

＿＿＿＿＿＿＿＿＿＿＿＿＿＿＿＿＿

▲您的意見，我們將轉貼在心靈工坊網站上，www.psygarden.com.tw

廣 告 回 信
台北郵局登記證
台北廣字第1143號
免 貼 郵 票

10684 台北市信義路四段53巷8號2樓
讀者服務組　收

免 貼 郵 票

（對折線）

加入心靈工坊書香家族會員
共享知識的盛宴，成長的喜悅

請寄回這張回函卡（免貼郵票），
您就成為心靈工坊的書香家族會員，您將可以——

隨時收到新書出版和活動訊息
· · · · · · · · · · · · · · · · · · · ·
獲得各項回饋和優惠方案
· · · · · · · · · · · · · · · · · · · ·